S. S. Rakhimkhodjaev
G. N. Sobirova

Processos de preparação de matérias-primas para tecelagem

AF568989

S. S. Rakhimkhodjaev
G. N. Sobirova

Processos de preparação de matérias-primas para tecelagem

ScienciaScripts

Imprint

Any brand names and product names mentioned in this book are subject to trademark, brand or patent protection and are trademarks or registered trademarks of their respective holders. The use of brand names, product names, common names, trade names, product descriptions etc. even without a particular marking in this work is in no way to be construed to mean that such names may be regarded as unrestricted in respect of trademark and brand protection legislation and could thus be used by anyone.

Cover image: www.ingimage.com

This book is a translation from the original published under ISBN 978-620-7-48786-8.

Publisher:
Sciencia Scripts
is a trademark of
Dodo Books Indian Ocean Ltd. and OmniScriptum S.R.L publishing group

120 High Road, East Finchley, London, N2 9ED, United Kingdom
Str. Armeneasca 28/1, office 1, Chisinau MD-2012, Republic of Moldova, Europe
Printed at: see last page
ISBN: 978-620-8-16512-3

Copyright © S. S. Rakhimkhodjaev, G. N. Sobirova
Copyright © 2024 Dodo Books Indian Ocean Ltd. and OmniScriptum S.R.L publishing group

Conteúdo

DESCRIÇÃO.

O trabalho mostra tecnologias e equipamentos modernos de operações preparatórias de urdidura e trama. São considerados os seguintes processos: enrolamento e enrolamento de fios na tela durante o rebobinamento, tecelagem e lixamento.

É dado um lugar especial ao problema da tensão do fio no processo de preparação da matéria-prima para a tecelagem e produção de tecidos, bem como às formas da sua estabilização. Destina-se a investigadores, tecnólogos, designers, mestres e bacharéis envolvidos nos processos de preparação de matérias-primas para a tecelagem.

INTRODUÇÃO

A condição prévia para a origem da tecelagem era a disponibilidade de matérias-primas. Na fase de tecelagem, estas eram tiras de pele de animais, gramíneas, canas, etc. A roupa e o calçado tecidos, as esteiras, os cestos e as redes foram os primeiros produtos da tecelagem.

A tecelagem é anterior à fiação porque existia antes de o homem ter descoberto a capacidade de fiação das fibras animais e vegetais como o algodão, a urtiga, o linho, o cânhamo, a lã, a penugem, etc.

O fabrico de tecidos é uma operação muito trabalhosa, pois exige a preparação de um conjunto de fios de teia e de um fio de trama contínuo.

Inicialmente, a tecelagem manual utilizava o enchimento circular da urdidura entre duas barras, cuja distância entre elas era igual ao comprimento do tecido e, para dar suavidade aos fios da urdidura, era necessário lixar com uma composição especial.

O fio foi molhado antes de ser enrolado na vara (lançadeira) para o tornar macio e suave.

O desenvolvimento da tecelagem mecânica exigiu a separação do processo de preparação da teia e da trama e a sua transferência para a tecnologia das máquinas.

No início do século XIX, surgiram as primeiras máquinas de lixar e de bobinar e, em meados do século XIX, as primeiras máquinas de fiar.

As máquinas modernas (equipamento) do departamento de preparação são informatizadas e permitem a produção de produtos semi-acabados (bobinas, rolos, navoi, etc.) de alta qualidade.

Tendo em conta o facto de o Uzbequistão dispor de uma poderosa base de matérias-primas (algodão, seda, lã, fibras químicas), o governo presta grande atenção à produção de produtos nacionais acabados (tecidos, vestuário, etc.) e à saturação dos mercados interno e externo.

CAPÍTULO 1

1. REBOBINAGEM DE FIOS E LINHAS

1.1.Enrolamento de fios

O feixe de entrada na rebobinagem do fio é geralmente a espiga, cuja forma e estrutura dependem da relação entre o diâmetro do anel (máquina de fiar a anel) e o diâmetro do enrolamento. A estrutura da espiga deve garantir uma elevada velocidade de enrolamento do fio.

No processo de acionamento do sabugo desde o dedo do pé até ao encaixe, a tensão do fio aumenta 15 a 20 vezes. Isto deve-se a: equilíbrio do fio no cilindro; forças que actuam sobre o fio em balão; forma e tamanho do cilindro; densidade do enrolamento do sabugo; conicidade do sabugo; disposição das voltas do fio na conicidade do enrolamento; tamanho do sabugo; tamanho do mandril.

Por equilíbrio do fio no cilindro entende-se uma bobinagem de equilíbrio em que não se verifica qualquer deslizamento das bobinas de fio da superfície da espiga durante o processo de bobinagem do fio. O enrolamento do fio na espiga deve ser efectuado numa linha geodésica. O principal parâmetro que determina a forma e a estrutura da espiga é o ângulo de deflexão geodésica Θ, ou seja, o ângulo entre a normal N à superfície de enrolamento no ponto M e a normal principal F no mesmo ponto situado no plano de contacto Q (Fig. 1).

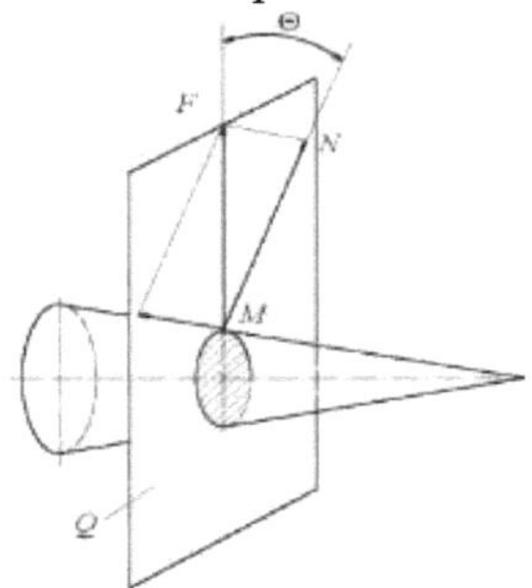

Fig.1.Calcular o ângulo de desvio geodésico.

$_K$O valor crítico (mais elevado) do ângulo de deflexão geodésico 0 é o principal fator que determina a zona de equilíbrio do enrolamento, dentro da qual pode ser efectuado o enrolamento do fio no feixe.

O valor de 0k depende dos seguintes factores:

- tensão do fio durante a formação da espiga;
- a natureza e a dimensão da matilha;

- a natureza da fibra;
- densidade linear do fio;
- a velocidade de enrolamento do fio;
- condições de temperatura e humidade na loja;
- tempo de cura e teor de humidade do fio.

$_{\kappa}$O ângulo crítico de deflexão geodésica θ , no qual o filamento está no limiar da rutura da superfície do enrolamento, é obtido a partir da expressão

$$tg\ \theta_{\kappa} \leq f_{max}$$

em que: f_{max} é o coeficiente de atrito máximo dos materiais fibrosos.

(φ_{max}) Com dependência máxima do ângulo de atrito

$$\theta_{\kappa} \leq \varphi_{max}$$

$_{p\kappa p\kappa}$Para avaliar as condições de equilíbrio do enrolamento, é necessário determinar o valor real do ângulo de desvio geodésico 0 , e depois compará-lo com o valor do ângulo crítico 0 . Se o ângulo 0 calculado for próximo do ângulo 0 , então o enrolamento do conjunto não está suficientemente equilibrado.

O valor calculado do ângulo 0p é determinado pela fórmula:

$$tg\ \theta_p = tg\ \alpha(1+\sin^2\gamma) / \cos\gamma$$

em que: α - ângulo do cone do embalador, grau; γ - ângulo de elevação do enrolamento, grau.

As forças que afectam a tensão do fio no cilindro incluem:

- a pré-tensão do fio obtida durante a formação da espiga;
- a força de fricção da rosca contra o cartucho;
- a força causada pela aceleração da massa no ponto de enrolamento quando o fio é retirado do repouso.

A equação da tensão do fio em qualquer ponto do cilindro tem a forma:

$$T_e = T_o\,(\exp f\alpha) + m\,v_c^2 + (m\omega^2/2)\,(R^2 - r^2)$$

$_c$onde: T_o (exp $f\alpha$) - tensão do fio que se desenrola na espiga; m - massa do fio balonado; v velocidade de separação do fio da espiga; R - raio no ponto de desenrolamento da espiga; ω - velocidade angular do fio balonado; r - raio do balão.

A tensão do fio no topo do cilindro em r=0 é:

$$T = T_o\,(\exp f\alpha) + m v_c^2 + m\omega^2 R^2 / 2$$

A primeira e a segunda expressões são a tensão do fio no ponto de separação do feixe, e a terceira expressão é a componente dinâmica da tensão. A quantidade de tensão do fio no cilindro determina a forma e as dimensões do cilindro.

A forma cilíndrica (número de ondas) aumenta com o aumento da velocidade de enrolamento linear e da distância de enchimento da espiga à guia do fio. Observou-se que, no início do enrolamento do fio a partir da espiga cheia, se

regista um enrolamento do fio com várias ondas.
Quando a espiga é acionada, especialmente no ninho de espigas, o balão torna-se mono-onda, o que leva a um aumento acentuado da tensão do fio e, consequentemente, à rutura do fio. Para evitar este fenómeno durante o rebobinamento, são utilizados separadores de balões, que asseguram um rebobinamento de várias ondas, independentemente do local onde o fio é rebobinado a partir da espiga.
O comprimento do fio numa espiga com o mesmo volume é determinado pela densidade de enrolamento. Quanto mais elevada for a densidade de enrolamento no embalador, menor será o deslizamento (melhor enrolamento do fio) aquando do desenrolamento do fio. A densidade de enrolamento é determinada pela tensão do fio, que, se for excedida, conduz a uma deterioração das propriedades físicas e mecânicas do fio.
Por outro lado, o aumento da densidade do enrolamento aumenta a velocidade de rebobinagem do fio. A conicidade da espiga, definida pela relação entre a altura do cone da espiga e o diâmetro do enrolamento, tem uma influência significativa nas velocidades de rebobinagem; quanto mais elevada for, melhor é o processo de enrolamento do fio.
As voltas do fio estão dispostas no cone de enrolamento como uma dobra (movimento lento da lâmina do anel na máquina de fiar) e uma camada (movimento rápido inverso da lâmina). O movimento lento da lâmina na camada forma um enrolamento paralelo, enquanto o movimento rápido da lâmina com um passo maior forma um enrolamento cruzado. Esta disposição das bobinas provoca uma mudança brusca na forma do balão e na tensão do fio. Para igualar a tensão do fio, é aconselhável utilizar um enrolamento sem camadas. No caso do enrolamento sem camadas, as voltas de diferentes direcções são cruzadas uniformemente, o passo das voltas da camada aumenta, o passo das voltas da camada diminui, o que leva à formação de um enrolamento cruzado.
O enrolamento de fios de diferentes densidades lineares a partir de diferentes tamanhos de espiga começa com uma onda múltipla e termina com um cilindro de onda única. Quanto maior for o diâmetro do mandril e o diâmetro exterior do enrolamento, mais lenta será a diminuição do número de ondas no cilindro. Com o aumento da altura e do diâmetro do enrolamento, da altura do cone de enrolamento e da densidade linear do fio, as condições para o enrolamento do fio da espiga deterioram-se.

1.2 Enrolar o fio

Para produzir um feixe enrolado, é necessário que o fio sofra pelo menos dois movimentos - de transferência e de translação. Isto é possível através de um mecanismo de enrolamento e estendimento sob a forma de um tambor de enrolamento. O tipo, a forma, a estrutura e a capacidade do feixe de enrolamento dependem dos seguintes factores: o passo da linha helicoidal e o ângulo de inclinação da bobina; a tensão dos fios; a densidade específica do enrolamento; o ângulo de deslocamento das bobinas; a posição do eixo da bobina em relação ao eixo do tambor de enrolamento.

Considerar cada um dos factores. A linha é aplicada à superfície da bobina ao longo de uma linha helicoidal. A natureza da disposição das bobinas de fio no forjamento depende do passo da linha helicoidal e do ângulo de inclinação da bobina. O ângulo de inclinação da bobina determina o ângulo de cruzamento das bobinas do enrolamento, que varia entre 30 e 55 graus. O ângulo de cruzamento de 55 graus é utilizado principalmente para obter bobinas com uma densidade de enrolamento específica mínima para o tingimento. Para os processos de tecelagem subsequentes, são utilizadas bobinas com um ângulo de cruzamento de 30 graus, nas quais é criada a densidade específica máxima de enrolamento no pacote. O valor do ângulo de cruzamento das voltas depende do número de voltas no tambor de enrolamento, que pode ser 1; 1,5; 2 e 2,5 voltas. Com 1 rotação, o ciclo do tambor é de duas rotações e com 2,5 rotações é de cinco rotações. Para a produção de tecelagem, a fim de melhorar as condições de enrolamento, são utilizadas bobinas com um ângulo de cone de enrolamento constante, em que o ângulo de inclinação da bobina aumenta do diâmetro grande para o diâmetro pequeno da bobina, e para a produção de tricotagem e torção, e vice-versa.

A obtenção da estrutura correta do feixe depende da tensão dos fios durante o processo de rebobinagem, que é criada pelos dispositivos de tensionamento. Nas bobinadeiras modernas, são instalados compensadores especiais para melhorar o controlo da tensão do fio, reagindo a quaisquer alterações na tensão do fio e ajustando o tensor tanto por ciclo do movimento da bobina como para todo o percurso da bobina.

A tensão do fio durante o enrolamento, o ângulo de cruzamento, a pressão da bobina na bobina, a densidade linear do fio influenciam a densidade específica do enrolamento na bobina.

Consideremos um elemento de segmentos de fio cruzados em duas camadas da bobina (Fig.2). O volume ocupado pelo material fibroso sem ter em conta o encurvamento do fio é igual a:

$$V = 2 \cdot d \cdot l_1 \cdot l_2; \qquad l_1 = l \cdot \sin\alpha \; ; \qquad l_2 = l\cos\alpha$$

$$V = 2 \cdot d \cdot l^2 \sin\alpha \cdot \cos\alpha = d \cdot l^2 \sin 2\alpha ;$$

$$2\sin\alpha \cdot \cos\alpha = \sin 2\alpha ;$$

Sujeito a encurvadura

$$V = d \cdot l^2 \sin 2\alpha \cdot K$$

em que: K - coeficiente de encurvadura, geralmente igual a 0,6 - 0,9

Peso de um pedaço de fio

$$m = \frac{2 \cdot l}{N} = \frac{2 \cdot l \cdot T}{1000}$$

em que: N - número de fios; T - densidade linear do fio.

Gravidade específica

$$\gamma = \frac{m}{V} = \frac{2 \cdot l \cdot T}{1000 \cdot d \cdot l^2 \sin 2\alpha \cdot K} = \frac{2 \cdot T}{1000 d \cdot \sin 2\alpha \cdot K}$$

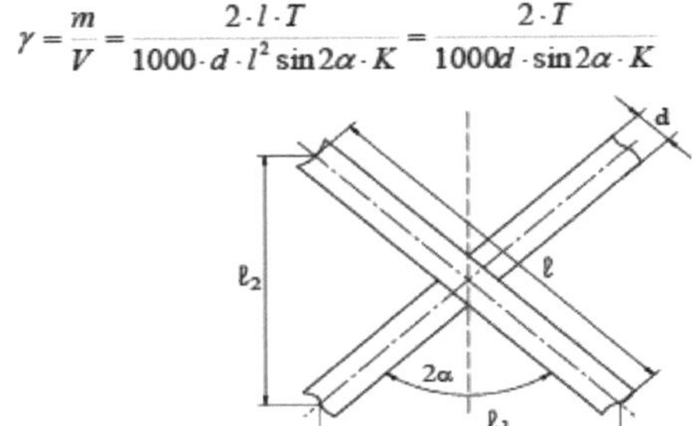

Figura 2. Esquema das secções cruzadas do fio nas duas camadas da bobina.

A densidade específica do enrolamento é inversamente proporcional ao seno do ângulo de cruzamento das espiras. A densidade de enrolamento mais baixa verifica-se a $2a = 900$ e a densidade de enrolamento mais elevada no ângulo de cruzamento mais baixo, ou seja, no enrolamento paralelo. Devido à elasticidade do fio, a tensão do fio de cada volta do enrolamento actua radialmente sobre as camadas (voltas) que se encontram por baixo. Determinemos o valor da pressão específica de um fio no feixe. Na superfície do feixe, seleccionemos uma secção elementar de uma bobina com comprimento (Fig. 3).

A partir da condição de equilíbrio do segmento da bobina

$$\frac{dQ}{2} = \frac{t \cdot \sin d\varphi}{2}$$

$$dQ = \frac{2t \cdot \sin d\varphi}{2}$$

Se assumirmos que o ângulo é pequeno, pode ser obtido com um pequeno erro

$$\frac{\sin d\varphi}{2} = \frac{d\varphi}{2}.$$

Neste caso, a pressão da secção elementar da bobina

$$dQ = \frac{2t\sin d\varphi}{2} = \frac{2t \cdot d\varphi}{2} = t \cdot d\varphi$$

Valor específico da pressão da bobina

$$q = \frac{dQ}{dl} = \frac{t \cdot d\varphi}{(R \cdot d\varphi)} = \frac{t}{R}$$

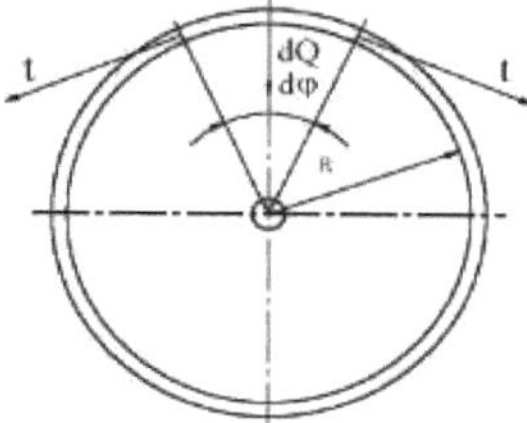

Fig. 3. Cálculo da pressão específica da bobina no embalador.

$$dl = R \cdot d\varphi$$

Resulta da equação que a pressão de selagem de uma bobina por unidade de comprimento é proporcional à tensão e inversamente proporcional ao raio do enrolamento.

Devido à pressão das camadas de enrolamento exteriores, as camadas interiores são compactadas e ligeiramente comprimidas em direção ao centro do feixe. Como resultado, a tensão das bobinas nas camadas interiores é reduzida. A tensão é mantida nas camadas exteriores e nas camadas interiores que se encontram diretamente na base do feixe. Durante o processo de rebobinagem, a massa da bobina aumenta gradualmente, pelo que a pressão da bobina na bobina aumenta, resultando numa alteração da densidade do enrolamento. Para manter uma pressão constante da bobina na bobina durante o processo de enrolamento, é aconselhável dotar as máquinas de sistemas de controlo e estabilização da pressão da bobina na bobina.

Na prática, a densidade do enrolamento é determinada com um dispositivo chamado densímetro.

O quadro 1 apresenta valores aproximados para a densidade específica do enrolamento em função do tipo de fio e do enrolamento no feixe.

Quadro 1

Os valores específicos da densidade do enrolamento dependem do tipo de fio e do enrolamento no feixe.

№	Tipo de fio	Densidade específica do enrolamento, g/cm	
		Tipo de enrolamento na embalagem	
		Enrolamento em paralelo	Enrolamento cruzado

1	Algodão	0,45-0,5	0,35-0,45
2	Linho	0,5-0,7	0,43-0,5
3	Seda artificial	0,5-0,6	0,58-0,72
4	Seda natural	0,5-0,6	0,58-0,72

O valor da densidade específica do enrolamento nas extremidades do feixe é 1,5-2 vezes superior ao da parte central da bobina. Ao mesmo tempo, o enrolamento na extremidade maior é mais denso do que na extremidade mais pequena, o que se deve à posição do eixo da bobina em relação ao eixo do tambor.

Como se pode ver na Fig. 4, quando os eixos da bobina e do tambor são paralelos, as forças de atrito que actuam nas extremidades da bobina serão dirigidas perpendicularmente ao seu eixo.

Decomponhamos a força de tração K em duas direcções mutuamente perpendiculares na força K_1, que assegura uma densidade de enrolamento adequada, e a força K2, que é absorvida pelo bordo da ranhura do tambor.

No ponto A, a força de atrito actua na direção oposta, uma vez que a bobina está atrasada em relação ao tambor neste ponto. Isto resulta numa pressão negativa e num binário de travagem na bobina.

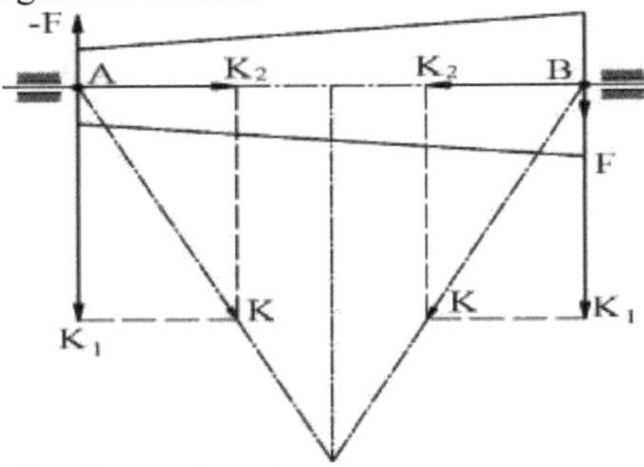

Figura 4. Diagrama das forças de atrito que actuam nas extremidades da bobina.

A força total que determina a densidade do enrolamento é igual:

$$K_1 + (-F) = K1 - F$$

No ponto B, a força de atrito F é inversa, pelo que a força total que determina a densidade do enrolamento já é igual:

$$K_1 + (+F) = K1 + F$$

É possível eliminar parcialmente esta desvantagem deslocando o eixo da bobina em relação ao eixo do tambor em 2-3 graus no sentido contrário ao dos ponteiros do relógio (Fig. 5), bem como fixando firmemente a extremidade pequena da bobina ao tambor e uma folga de 1,5-2 mm entre a extremidade grande da bobina e o tambor

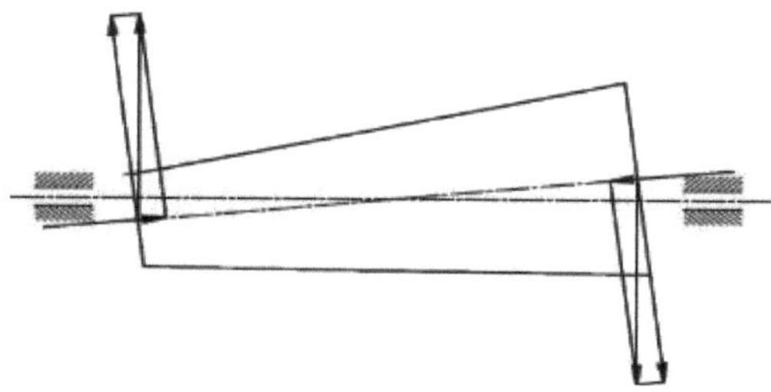

Figura 5. Esquema da deslocação do eixo da canilha em relação ao eixo do tambor.

É possível obter uma estrutura homogénea da bobina quando os locais de mudança de direção dos fios estão uniformemente distribuídos por toda a superfície da bobina. No entanto, em certos diâmetros da bobina, os fios sobrepõem-se uns aos outros sob a forma de uma fita (feixe), ou seja, há uma sobreposição dos topos das bobinas num único local. Isto indica que não existe um ângulo de deslocação dos topos das bobinas.

O enrolamento da fita (arnês) é um vício importante.

Devido à superfície irregular, a bobina é sacudida violentamente no momento da formação do torniquete, o que provoca um deslocamento axial da bobina. Isto faz com que os fios saiam da extremidade da bobina.

Ao enrolar o fio a partir da bobina, os feixes provocam uma rutura maciça do fio.

O enrolamento de um feixe durante o processo de enrolamento da linha só é formado quando o diâmetro da bobina é igual ou múltiplo do diâmetro da bobina.

Para evitar o enrolamento dos feixes, as bobinas são dotadas, em alguns casos, de um movimento variável e, noutros casos, de um movimento de balanço ou recíproco na direção axial.

É aconselhável instalar os suportes da canilha à direita quando se enrolam fios de torção Z e à esquerda quando se enrolam fios de torção S. Isto evita que o enrolamento seja desigual e que os fios saiam da extremidade grande da bobina.

1.3.Inspeção e limpeza do fio

Os pacotes provenientes da fiação apresentam uma série de defeitos no fio:

1. Nódulos - impurezas vegetais nas fibras, pequenos espessamentos. A razão para isto é a má qualidade da matéria-prima e o processamento incorreto das fibras. A dificuldade em eliminar este defeito reduz a qualidade do fio.
2. Adjacentes - têm um aspeto de saca-rolhas, os espessamentos devem-se à técnica de trabalho, não é possível retirá-los sem um nó.
3. Escama - formada por uma acumulação de fibras no fio. As impurezas do fio

solto são removidas sem rutura do fio, enquanto as impurezas do fio rígido são removidas com rutura do fio.

4. As saliências são causadas por um funcionamento incorreto dos dispositivos de estiragem nas maçaroqueiras e nas máquinas de fiação. Não é possível eliminar o defeito sem um nó.

5. Fendas - causadas por uma fixação insuficiente do fio no trem de estiragem.

6. Os fios não fiados são espessuras do próprio fio que têm uma ligeira torção. São retirados quebrando o fio.

7. Fios grossos - fios duplos, grandes espessuras, má união da mecha. A eliminação deste defeito é muito difícil.

A avaliação visual dos defeitos do fio é muito difícil, pelo que é utilizado o sistema "Uster-Klassimat", no qual os defeitos do fio são classificados de acordo com o diâmetro e o comprimento e divididos em dezasseis grupos (Fig. 6).

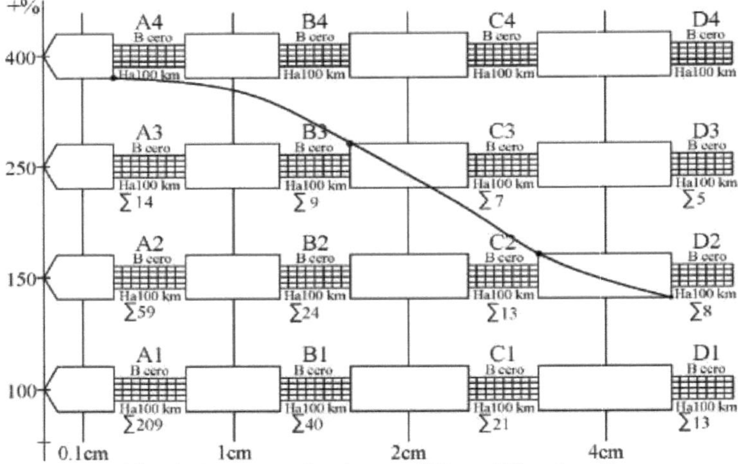

Fig.6. Esquema do sistema "Uster-Klassimat".

Os quatro grupos A, B, C e D correspondem a malformações com comprimentos de 0,1, 1, 2 e 4 cm, respetivamente, e a sensibilidade em percentagem mostra o aumento percentual da área da secção transversal das malformações de + 80 a + 400 %, correspondendo a um aumento do diâmetro de 60 a 150 %. Assim, temos dezasseis grupos de A1 (malformações mais curtas em comprimento e de menor diâmetro) a D4 (malformações mais longas e de maior diâmetro).

Nos quadros de cada grupo de classificação, o número de defeitos é registado: na linha superior para um determinado comprimento de amostra, na linha inferior para 105 m de fio.

Os grupos A e B incluem fios com pontos finos e grossos. Esta é a área de desvios normais devido à distribuição aleatória das fibras.

O grupo C inclui os defeitos do fio, tais como grumos, fissuras, placas e defeitos de emenda.
Para o grupo D - não alastrante, grandes espessuras, fios duplos.
A Fig. 6 mostra um exemplo da análise de um fio de poliéster/algodão (67/33 %) de acordo com o sistema Uster-Classimat. A adequação de um fio para um determinado fim é determinada pelas normas internacionais relativas à presença de defeitos no tipo de fio ou pelos requisitos de qualidade do tecido. Se existirem testes de fios semelhantes que não tenham sido limpos, as frequências acumuladas em cada grupo de comprimentos de mola para o fio especificado são traçadas e comparadas.
Independentemente da definição de quaisquer limites de limpeza do fio, os vícios D4 e D3 são definitivamente removidos.
A curva de limpeza do fio é então traçada com a sensibilidade especificada no comprimento vicioso, utilizando o correlacionador de Uster (Fig. 6).
Como se pode ver na Fig. 6, os defeitos dos grupos A4, B4, C4, D4, D3, C3 e parte dos grupos A3 e B3 devem ser eliminados, enquanto os restantes defeitos são considerados aceitáveis para este tecido.
[5]Pode calcular-se que, em 10 metros de fio, haverá 23 nós nos grupos eliminados (metade no grupo de fronteira A3 e B3).
A limpeza eletrónica do fio e a utilização do sistema Uster-Classimat permitem produzir tecidos com um nível aceitável de defeitos no fio, com elevada qualidade do fio e custos mínimos de processamento.
Existem dois métodos de limpeza eletrónica do fio, o capacitivo e o opto-eletrónico, em que não há contacto entre o fio e as partes funcionais do dispositivo.
As máquinas de limpeza capacitivas da Qualitex e da Uster medem a massa de uma unidade de comprimento; o desvio de uma determinada massa provocará uma alteração capacitiva, que por sua vez alterará a tensão de referência que accionará a faca que corta a rosca.
Recomenda-se uma fórmula para avaliar a qualidade do fio:
F = (Nc / Ny) 100 %
em que: Nc - número de defeitos eliminados durante a limpeza;
Ny - número de nós no fio limpo.
Deve ter-se em conta que, durante o processamento do fio, um nó atado no lugar de uma mancha cortada (secção curta e grossa) pode ter consequências mais graves do que uma mancha remanescente. Na tecelagem, cerca de metade de todas as rupturas do fio são causadas por nós e os custos para os remover durante o processo de acabamento também aumentam.
As máquinas de limpeza opto-electrónicas da Uster permitem tirar uma

fotografia de uma mancha a qualquer momento para determinar e comparar a qualidade do fio de acordo com o sistema Uster-Klasimat e para remover as manchas com a configuração selecionada do dispositivo.
Os produtos de limpeza electrónicos garantem um grau de limpeza uniforme do fio, apesar das variações no teor de humidade, densidade da linha, aditivos químicos, proporções da mistura e diferenças entre os componentes da mistura.

1.4.Juntar as extremidades dos fios

O atamento das extremidades dos fios é uma operação de massa efectuada pelos trabalhadores da fiação e da tecelagem. Por conseguinte, os nós feitos de forma descuidada (nós fracos com grandes gavinhas) partem-se, o que leva à sobrecarga de trabalho do tecelão e ao aumento do tempo de paragem da máquina de tecelagem.
A distribuição da quebra do fio principal no tear por causa é apresentada no trabalho de Uster e TNO no Quadro 2.

Quadro 2

№	Causas de rutura	Dados TRO, %	Dados de Uster.	
			Fábrica n.º 1	Fábrica n.º 2
1	Lugares finos	6		
2	Pooh	1147	22	18
3	Desconhecidos	30		
4	razões	2153	65	488
5	Nós	32	78	2
	Espessantes		13	34

A análise do quadro 2 mostra que o aumento do número de rupturas do fio se deve a nós mal atados. A limpeza excessiva do fio aumenta o número de nós, o que piora o processo de tecelagem.
É preferível otimizar a limpeza do fio do que utilizar um dispositivo capaz de detetar qualquer defeito e substituí-lo por um nó. De acordo com um estudo efectuado por Garten e Moyler, 8 a 10 % de todos os nós desfazem-se durante o processo de tecelagem.
$^{-1}$Suponhamos que é organizada a produção do tecido Mitkal com uma densidade de 25 n/cm na base, 22 n/cm na trama, com uma densidade linear do fio na base e na trama de 20 tex, na máquina STB-330 em três teias de largura de 100 cm, velocidade 220 min KPV = 0,9.
Vamos determinar o rendimento da máquina:
A = (220 x 60 / 220 x 10) x 3 x 0,9 = 16,2 m/hora
Número de metros de fios de teia processados na máquina por 1 hora
L = 16,2 x 25 x 100 = 40500 m

[5]Número de nós por 1 hora de funcionamento da máquina r = 40500 x 50 / 10 = 20,25 nós

Onde: [5]50 / 10 é o número máximo de nós por 100 km de um determinado fio.

Tendo em conta que, em média, 9% dos nós serão fracos, obteremos (20,25 x 9) / 100 = 1,8 paragens devido ao desprendimento dos nós durante 1 hora de funcionamento da máquina. Em 1 m de tecido, a quebra devido ao desprendimento dos nós será de 1,8/16,2=0,11 quebras. A norma de rutura para este sortido é de 0,15 rupturas por 1 m de tecido. O valor obtido de rutura do fio na tecelagem apenas por causa do nó é muito elevado, pelo que é necessário reduzir o número de nós de limpeza no fio, no nosso exemplo, em cerca de duas vezes (25 nós por 100 km de fio).

As propriedades físicas e mecânicas do nó são grandemente influenciadas pelo tipo de nó. Os nós mais fortes e mais resistentes a choques e vibrações são os nós de auto-aperto (nós de pescador) e os nós duplos (nós em forma de oito). Do ponto de vista da capacidade de passagem do nó na tecelagem e da trabalhabilidade no tecido - nós de uma só largura (tecelagem) e nós de auto-aperto. Para obter nós de qualidade, é utilizado um dispositivo especial chamado atador, que pode ser atado manual ou automaticamente.

Os entalhadores manuais e automáticos são classificados por número.

Se um atador concebido para fios finos for utilizado com fios grossos, o resultado será um nó com pontas curtas que se desfazem rapidamente.

Se for utilizado um atador de fios grossos para fios finos, o resultado será um nó com extremidades longas, o que causará fricção adicional, agarrando a secção do nó às partes do tear e aos fios de teia vizinhos durante a tecelagem.

A emenda é igualmente utilizada para unir as extremidades do fio. Os pontos de emenda aumentam o diâmetro do fio em 20 % e a resistência à tração desta secção de fio é de, pelo menos, 80 % da resistência à tração do fio normal.

A emenda é efectuada com adesivos como a carboximetilcelulose (CMC), a poliacrilamida (PAA) e o álcool polivinílico (PVS) para reforçar as extremidades do fio.

O emendamento pode ser manual (efectuado manualmente pelos trabalhadores) ou mecânico, através de dispositivos especiais (emendadores), que são instalados nas máquinas de bobinar modernas. As máquinas de emenda são instaladas individualmente em cada cabeça de bobinagem.

Com um impulso de ar comprimido, a máquina de unir torce as extremidades do fio rasgado, soltando-as previamente, e efectua uma ligação sem nós. Esta ligação é efectuada por uma máquina de emenda normal.

Para os fios torcidos de origem vegetal, são utilizadas as máquinas de injeção, em que é adicionado líquido ao ar fornecido para unir as extremidades do fio, o

que aumenta a resistência da ligação das fibras.
Para os fios fabricados com fibras animais e suas misturas com fibras sintéticas, são utilizadas máquinas de soldar térmicas, em que o ar fornecido para unir as extremidades do fio é aquecido, o que garante uma melhor fixação das fibras.
A qualidade da emenda é verificada com um aparelho de limpeza eletrónico. As máquinas de bobinar da Schlafhorst e da Murata estão equipadas com sistemas de emenda.

1.5.Equipamento de rebobinagem.

Atualmente, as máquinas de enrolar substituíram as máquinas de enrolar em muitas empresas. No entanto, a utilização de máquinas de enrolar é útil para o rebobinamento:

- grandes feixes, fios torcidos, fios de lã complexos e fios texturizados;
- bobinas de tingimento por pressão;
- As tramas trabalham em condições muito difíceis de inserção da trama no galpão em máquinas sem agulha;
- de bobinas cilíndricas na fiação a rotor para bobinas cónicas;

com trote simultâneo do fio para torcer.
[3]O enrolamento de precisão com densidade específica de 0,25 a 0,7 g/cm, com velocidade de rebobinagem de 700 a 1000 m/min, rebobinagem forçada do feixe de entrada, dispositivo emulsionante (para remoção de carga) é caraterístico das máquinas de enrolar e das máquinas automáticas da "Scherer", "Georg SACM", "Zilbos", "Schlafhorst", "Murata".
Sabe-se que os fios de fiação a rotor apresentam a melhor irregularidade em comprimentos curtos e a pior em comprimentos longos, razão pela qual são rebobinados para tecidos de uma determinada qualidade. Os ensaios Uster-Klasimat mostram que o fio apresenta uma maior irregularidade nos comprimentos longos nos grupos D4 e D3. Dado que o número de defeitos nestes grupos é reduzido e que a sua eliminação através de produtos de limpeza electrónicos não é difícil, a eficácia da rebobinagem de bobinas de fiação a rotor para bobinas cónicas é evidente.
O nível moderno das máquinas de enrolar caracteriza-se pelas seguintes caraterísticas: melhor qualidade de enrolamento e desenrolamento dos pacotes; aumento da produtividade do trabalho e do equipamento; utilização óptima dos recursos; facilidade de operação e manutenção; elevada segurança na operação.
O melhoramento do enrolamento e desenrolamento dos feixes é conseguido através do controlo da tensão do fio por meio de sistemas especiais de tensionamento; condições óptimas de funcionamento do fio; monitorização contínua do fio e do enrolamento; aceleração suave do fio e enrolamento uniforme do feixe. O aumento da produtividade deve-se a velocidades de

rebobinagem até 2000 m/min, a um desenrolamento optimizado do fio dos feixes e a uma limpeza económica do fio.
A utilização óptima dos recursos é conseguida minimizando o desperdício de fio e reduzindo o consumo de energia através do sistema de controlo eletrónico do rebobinamento.
A elevada segurança operacional, a facilidade de operação e a manutenção são asseguradas pela conceção modular das unidades, pelos controlos electrónicos, pela monitorização e pela regulação dos principais parâmetros de rebobinagem.
Cada cabeça de enrolamento é composta por uma unidade de desenrolamento, uma unidade central e uma unidade de enrolamento, o que facilita a operação, o ajuste, a limpeza e a manutenção. Os elementos da unidade de desenrolamento asseguram uma alimentação e um posicionamento fiáveis do feixe e condições óptimas para que o fio saia do feixe. Os elementos da unidade central asseguram a qualidade do fio e do feixe através do controlo constante da qualidade do fio, do controlo da tensão do fio e da emenda do fio. Os elementos da unidade de bobinagem asseguram um arranque e uma aceleração suaves da bobina, uma velocidade de rebobinagem contínua, um enrolamento uniforme no feixe, o amortecimento e a compensação do peso do suporte da bobina. Além disso, para evitar rasgos nas extremidades grandes e enrolamento desigual, os suportes da bobina são instalados no lado direito para fios de torção Z e no lado esquerdo para fios de torção S.
No processo de rebobinagem, o fio passa através dele:
- acelerador de arranque do fio, que assegura um aumento da uniformidade da tensão do fio durante todo o período de viagem da espiga;
- travão de laço para evitar a torção no arranque da cabeça de enrolamento; - pré-limpeza;
- dispositivo de tensionamento ou sistema de controlo da tensão do fio;
- limpador eletrónico para o controlo da qualidade do fio e para o controlo dos pontos de junção do fio;
- Dispositivo de corte, de fixação e de apanha do fio durante a união do fio. - máquina automática de emenda de fio (splicer).

O bobinador possui ainda uma unidade de potência, um sistema de informação, um sistema de remoção de penugem e poeiras, um removedor de bobinas e um transportador de entrada e saída de espigas e bobinas.
O aperfeiçoamento das máquinas de bobinar e das máquinas automáticas é efectuado nas seguintes direcções:
- aumentar o grau de automatização da rebobinagem;
- desenvolvimento de novos sistemas electrónicos de controlo e regulação dos parâmetros do processo de rebobinagem;

- modernização e unificação das principais unidades, dispositivos e mecanismos.

O aumento do grau de automatização do processo de rebobinagem está centrado na integração das bobinadeiras automáticas com as máquinas de fiação (unidade de bobinagem e fiação). O sistema automático de transporte e triagem por tipo de fio permite a rebobinagem de vários tipos de fios processados em simultâneo. Os novos sistemas de controlo com computadores permitem monitorizar e avaliar a qualidade da junção do fio, o comprimento e a densidade do fio na bobina, as alterações de tensão, a otimização do processo de rebobinagem do fio, a emissão de informações operacionais.

A unificação das peças e dos conjuntos implica a sua permutabilidade. Desenvolvimento de sistemas perfeitos de controlo da tensão, à medida que a espiga é acionada e enrolada na bobina, sistemas de localização e alimentação do fio com o comprimento necessário na máquina de emenda, sistemas de emenda do fio, controlo da qualidade do fio, sistemas que impedem o enrolamento da fita (feixe), sistemas de descarga atrás da extremidade maior da bobina e de enrolamento do fio no carretel, sistemas de paragem e aceleração suaves do carretel, sistemas que fornecem a densidade definida e o trabalho do comprimento do fio na bobina permitem melhorar o processo de rebobinagem e aumentar a qualidade dos feixes de saída. O aumento da eficiência da utilização do equipamento é possível com a transição para tamanhos maiores de feixes de entrada e saída, com a redução da quebra do fio, com a instalação de uma máquina de atar em cada cabeça de enrolamento.

(em pedaços), ao equipar o alimentador de tabuleiros de espiga e o removedor de bobinas, ao converter o tempo de inatividade em tempo produtivo. A Fig. 7 mostra a eficiência das máquinas em função das estações de atamento por número de cabeças de bobinagem.

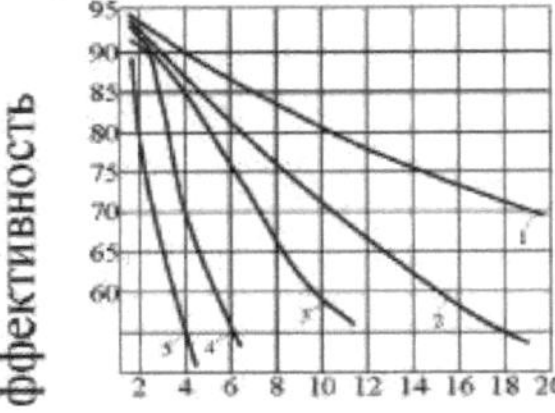

Número de ligações por

10.000m de fio

Figura 7. Eficiência da máquina em função do número de estações de atamento por número de cabeças de bobinagem.

1 -uma estação de atar (emenda) por uma cabeça de enrolamento

2 -uma estação de atar para 5 cabeças de enrolamento
3 -uma estação de atar para 10 cabeças de enrolamento
4 -uma estação de atar para 16 cabeças de enrolamento
5 -uma estação de atar para 24 cabeças de bobinagem

A Fig. 7 mostra que a eficiência das máquinas de bobinar aumenta quando a quebra do fio é reduzida e o número de cabeças de bobinagem operadas pela estação de atar é reduzido.

O número necessário de trabalhadores por unidade de produção, se assumirmos 100% ao equipar a máquina enroladora com uma loja de stock de espigas e sem um carregador automático, e ao equipar uma máquina automática do tipo loja com um carregador automático será de 85%, depois para uma máquina enroladora com alimentação contínua de espigas (tipo palete) sem um carregador automático - 35%, e ao equipar uma máquina automática do tipo palete com um carregador automático - 21%. A necessidade de trabalhadores é, em média, cinco vezes menor quando se utiliza uma máquina automática do tipo palete com um auto-elevador.

A conversão dos tempos de paragem em tempo produtivo traduz-se na redução do tempo de desaceleração da aceleração do enrolador, na redução do tempo necessário para encontrar e juntar as extremidades do fio, no aumento da velocidade de mudança da bobina pelo removedor de bobinas, na simplificação da manutenção da máquina (construção modular, fácil acesso a todos os componentes da máquina, introdução rápida e centralizada dos principais parâmetros através do sistema de informação, manutenção da área circundante limpa).

1.6 Propriedades do fio

Durante a rebobinagem, o fio é sujeito a forças de tração e de fricção. Este facto provoca algumas alterações nas propriedades físicas e mecânicas do fio. Após a rebobinagem, a densidade linear do fio diminui, o alongamento diminui e a resistência permanece inalterada. A perda de alongamento e a diminuição da densidade linear do fio devem-se ao facto de o fio ser puxado para dentro durante a rebobinagem. Também a perda de massa do fio devido à limpeza durante a rebobinagem conduz a uma diminuição da densidade linear do fio. Quando se rebobinam fios a partir de peças forjadas fixas, ocorre uma alteração da torção, ou seja, a torção do fio aumenta em uma torção quando uma torção sai da espiga de fiação. É determinada pela seguinte relação:

$$K = K_1 + \frac{1}{\pi \cdot d}$$

em que: K_1 é a torção do fio antes da rebobinagem por um metro de fio;

d - diâmetro médio da espiga, m.

Como se pode ver, o pequeno diâmetro da espiga provoca um aumento significativo da torção.
O grau de alteração das propriedades físicas e mecânicas do fio durante a rebobinagem depende da velocidade de rebobinagem e da tensão do fio. A tensão de enchimento é fixada em 5-10% da resistência do fio.
medida que a velocidade de rebobinagem aumenta, a tensão de enchimento dos fios diminui. Se as forças de fricção que surgem durante o processo de rebobinagem forem fracas, o fio fica desgastado (abrasão) e pode mesmo partir-se. Por conseguinte, é necessário definir a linha de elétrico correta para o fio e a sua interação com os elementos de trabalho da máquina.
Para melhorar as propriedades tecnológicas de alguns fios, são igualmente efectuados tratamentos especiais do fio, tais como a queima, a emulsificação, a lubrificação, a parafinização e o enceramento.
O escaldamento reduz a pilosidade do fio e reduz a rutura do fio durante a tecelagem. É utilizado para fios feitos de várias fibras, incluindo fibras sintéticas.
Na preparação de fibras químicas para a rebobinagem, a emulsificação, a lubrificação e a parafinização são utilizadas para melhorar a suavidade do fio, o que resulta numa redução da fricção, numa menor tensão do fio e num melhor processamento. Os fios de algodão, de fibras de viscose e de misturas de algodão e viscose são submetidos a enceramento, o que reduz a rutura dos fios de trama encerados numa média de 40 % durante a rebobinagem e o processamento no tear. A composição das emulsões, dos lubrificantes, da parafina e das ceras deve incluir substâncias que possam ser facilmente removidas dos tecidos encerados. O processo tecnológico de rebobinagem deve ser organizado de forma a que as propriedades físicas e mecânicas do fio se alterem o mínimo possível. O critério de avaliação das propriedades tecnológicas do fio é a rutura do fio. As causas das rupturas do fio durante a rebobinagem são numerosas e variadas. Os factores que provocam as rupturas do fio podem ser permanentes, periódicos ou aleatórios.
O carácter constante da rutura são os vícios de fiação do fio. O número de rupturas é determinado durante o processo de limpeza do fio por tamanhos de defeitos pré-determinados de acordo com o sistema Uster-Klasimat, e o número de rupturas durante o retrabalho do fio na bobina, dependendo do peso da bobina. Quanto maior o peso da espiga, menor o número de quebras durante a mudança de espiga para um peso fixo da bobina.
O carácter periódico da rutura é uma alteração dos parâmetros de enrolamento e de rebobinagem do fio. Este facto é influenciado principalmente pela tensão do fio durante o enrolamento. Por exemplo: durante o enrolamento

do fio no encaixe da espiga, a tensão altera-se bruscamente devido ao atrito adicional no corpo do mandril; o fio em balão tem uma velocidade angular elevada, o que leva a que as bobinas voem do cone da espiga. A redução da rutura é possível estabilizando a tensão do fio através de medidas destinadas a melhorar o enrolamento do fio a partir da espiga e modernizando os dispositivos e sistemas envolvidos na rebobinagem do fio. Por exemplo: instalação de um suporte de espiga de rotação livre ou dar ao fio em balão uma rotação adicional no sentido da sua rotação no cilindro de enrolamento.

As rupturas acidentais são causadas por irregularidades na geometria de preparação do fio, avarias das máquinas, desgaste e rebarbas na linha do fio, defeitos de enrolamento na espiga, etc.

Como pode ver, as dificuldades em determinar as causas das rupturas de fio são diferentes - algumas são o resultado de descuido e acidente e são facilmente eliminadas, outras requerem algum esforço, para eliminar a terceira necessidade de encontrar formas, e a quarta com a técnica e tecnologia existentes é impossível de eliminar de todo.

1.7 Rebobinagem do fio de trama

A diferença entre o enrolamento de urdidura e o enrolamento de trama reside no facto de a relação entre o tamanho do enchimento de entrada e o do enchimento de saída ser diferente. Nas máquinas de rebobinagem de teia, a alimentação dos pacotes de entrada deve ser automatizada, enquanto nas máquinas de rebobinagem de trama os pacotes de saída devem ser automatizados.

Com uma velocidade de bobinagem do fio de 25 tex, uma bobina de trama de 30 g é enrolada em 15 minutos e ainda menos para fios mais grossos, o que resulta em trocas frequentes de bobinas.

O enrolamento da bobina de trama na máquina de tecer também provoca uma mudança frequente das bobinas usadas ao mesmo tempo. É por isso que os fios de trama com uma densidade linear mais elevada são enrolados em embalagens sem uma base rígida, ou seja, em bobinas tubulares, e, em alguns casos, a cabeça de enrolamento de trama "Unifil" é utilizada em teares onde um pequeno número de bobinas assegura um fornecimento contínuo de trama à máquina.

A linha de enchimento é enrolada numa bobina de um determinado tamanho e construção. A estrutura do enrolamento da bobina deve garantir a estabilidade da bobina aquando da travagem da lançadeira. Ao travar a bobina, que pesa 30 g, a força de enrolamento é de 50 N ou mais, o que é suficiente para fazer cair as bobinas numa estrutura de enrolamento incorrecta. A bobina deve ter o diâmetro máximo com uma localização mínima em relação à parede da lançadeira. Deve também ter uma zona de enrolamento de reserva superior e inferior. A zona superior do enrolamento de reserva facilita a localização da extremidade da linha e a zona inferior do enrolamento de reserva evita o trabalho do tecido com o defeito "padrão derrubado" quando se trabalha com o estilete de trama. A fim de evitar danos no enrolamento aquando da mudança de bobinas, é previsto um empilhamento orientado e ordenado das bobinas cheias. Consideremos algumas caraterísticas tecnológicas do processo de rebobinagem da trama. O equilíbrio e a densidade do enrolamento podem ser alcançados através da forma adequada do pacote (ângulo de cone, enrolamento diferencial), da tensão do fio e do coeficiente de atrito do fio (depende do tipo de fio). À medida que a tensão do fio aumenta, o ângulo de deflexão geodésico diminui acentuadamente até um certo limite, após o qual há poucas alterações. Recomenda-se que o fio de algodão, lã e linho seja rebobinado com uma tensão de, pelo menos, 20 cN e o fio de seda artificial com, pelo menos, 15 cN. Para uma melhor convergência do fio, é necessário que o ângulo de conicidade do enrolamento da bobina seja consideravelmente inferior ao ângulo crítico de deflexão, pelo que, no caso dos fios lisos (seda artificial), o ângulo de conicidade do enrolamento deve ser inferior ao dos fios rugosos. [000]A conicidade óptima do enrolamento da bobina para os fios de algodão é de 26-28, para os fios de lã de 28-32 e para a seda artificial de 16-20. Com o enrolamento diferencial, há uma dispersão dos topos de enrolamento, o que aumenta a densidade de enrolamento da bobina em 30 % e reduz a probabilidade de enrolamento e de queda das bobinas. [33]A densidade de enrolamento da bobina varia entre 0,3 e 0,35 g/cm (para fios grossos de máquina) e 0,75 g/cm (para fios sintéticos e fios penteados). Na bobina, a densidade do enrolamento é obtida através da alteração da tensão do fio e, nas espigas tubulares, através da tensão do fio e da pressão do formador de cones sobre o enrolamento. O valor da tensão do fio de trama durante o enrolamento é fixado em 5-15%, dependendo da resistência à tração do fio. Uma tensão excessiva piora as propriedades físicas e mecânicas e aumenta a rutura durante o enrolamento.

Diâmetro constante do enrolamento. É possível obter um diâmetro de enrolamento constante deslocando constantemente a zona de enrolamento, para o que são utilizados fios com um diâmetro uniforme. A deslocação constante da zona de enrolamento resulta numa melhor estrutura da bobina, mas a forma da bobina é frequentemente irregular em diâmetro (irregular). O fio não está sujeito às influências adicionais do rolo de estilete utilizado no movimento do centro de enrolamento variável. No movimento da zona de enrolamento variável, a bobina tem uma forma estritamente cilíndrica, mas a estrutura da bobina é pior, especialmente quando a ranhura da bobina é formada.

O comprimento do fio na camada de enrolamento. Ao produzir tecidos em máquinas com larguras diferentes, o comprimento do fio na dobra deve ser ajustado de 5 a 15 metros. A utilização de fios com uma densidade de fio mais elevada em máquinas largas requer elementos especiais para aumentar o comprimento do fio na dobra, por exemplo, a altura do excêntrico do empilhador de fio e a regulação do braço do empilhador de fio. Enrolamento da reserva superior e inferior. A extremidade superior do fio deve ser curta e dobrável, enquanto a extremidade inferior deve ter o comprimento mais curto possível e ser levada para a superfície de enrolamento. Estas caraterísticas afectam a produtividade dos trabalhadores. Direção de rotação. A rotação do fuso pode conferir ou eliminar a torção do fio. Não é desejável o número de torções pelo qual se reduz ou aumenta a torção do fio, que lhe foi comunicada durante a fiação a uma determinada velocidade. Durante a bobinagem, se o fio tiver uma torção S, o número de torções aumenta e se tiver uma torção Z, o número de torções diminui. A variação do número de torções é de 5 %, no máximo, da torção total especificada do fio.

Velocidade de rebobinagem. $_{12}$A velocidade de rebobinagem V é a soma da velocidade de avanço V e da velocidade variável V :

$$V_1 = \pi \cdot d \cdot n_1 \qquad V_2 = 2h \cdot n_2$$

$_{1}^{-1}{}_{2}^{-1}$em que: d - diâmetro médio do enrolamento do fio na bobina, m; n - número de rotações da bobina, min ; h - extensão da guia do fio, m; n - número de rotações do excêntrico, que dá movimento à guia do fio, min .

$$V = \sqrt{V_1^2 + V_2^2} = \sqrt{(\pi \cdot d \cdot n_1)^2 + (2 \cdot h \cdot n_2)^2}$$

Em função da conceção da máquina, do tipo de fibra, do tipo e da estrutura do feixe, é selecionada a velocidade óptima de rebobinagem da trama.

A cabeça de tecelagem Unifil permite a automatização total da alimentação da trama dos teares. A cabeça é composta por um fuso de bobinagem com empilhador de fusos, um mecanismo de bobinagem de reserva, um mecanismo de reserva para seis bobinas cheias e a alimentação de bobinas vazias ao fuso. As bobinas usadas são limpas das bobinas residuais e transportadas de forma orientada por meio de ímanes para a bobina.

Vantagens: espaço de produção reduzido, menos carregadores, sem custos de limpeza das bobinas; redução do número de bobinas utilizadas para 18 por máquina.

CAPÍTULO 2

2. TECELAGEM DE FIOS

2.1 Preparação da base

O grupo de fios paralelizados é enrolado a partir de feixes de entrada que contêm fios com poucos defeitos. A rebobinagem é normalmente utilizada para eliminar defeitos. Se o número de fios por urdidura for pequeno, a tecelagem é efectuada diretamente a partir dos feixes de entrada. Um grande número de fios requer uma acumulação intermédia sob a forma de um rolo ou tambor. Em todos os casos, são utilizadas bobinas nas quais são colocados os feixes de entrada. A Fig. 8 mostra a variante de preparação da teia em função do número de defeitos do fio, da dimensão dos feixes de entrada e das propriedades físicas e mecânicas do fio.

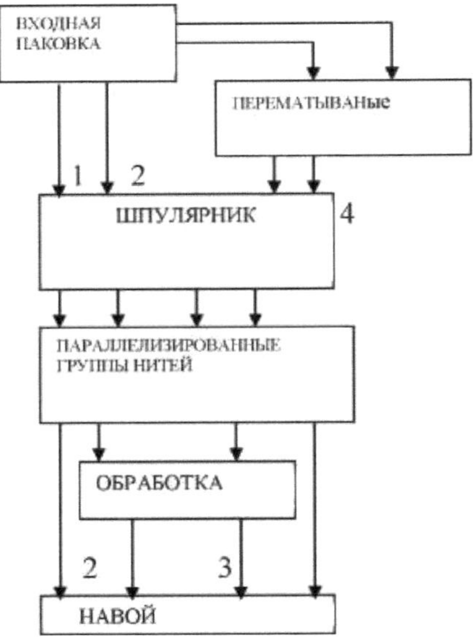

1234

Figura 8. Variantes da preparação da base.

A variante 1 compreende dois processos: a paralelização do fio e a formação da urdidura, que é possível no caso de fios sem defeitos, feixes de grandes dimensões e elevadas propriedades físicas e mecânicas do fio (fios torcidos).

A opção 2 é possível para fios de fiação a rotor (propriedades físicas e mecânicas reduzidas) que requerem tratamento para os proteger de rupturas durante a tecelagem.

A variante 3 requer rebobinagem e transformação. A rebobinagem é necessária para limpar o fio de defeitos ou devido ao tamanho reduzido dos pacotes de entrada. A transformação protege o fio (fio de algodão não fiado) de se partir durante o processo de tecelagem.

Na variante 4, utiliza-se a rebobinagem e exclui-se a transformação devido à elevada resistência do fio (seda natural).

Durante o tratamento (lixagem, emulsificação), o fio pode ser torcido de urdidura para urdidura, do rolo ou rolos de fiação para a urdidura, do tambor para a urdidura, do celo para a urdidura. O quadro 3 apresenta recomendações para a escolha do tipo de tricotagem.

Quadro 3

Recomendações sobre a escolha do tipo de tecelagem.

№	Fator a ter em conta	Enrolamento direto da teia	Partição	Tecelagem de fitas
1.	Número de veios (navoi)	Um	Um ou mais, consoante o número de fios e o comprimento da teia	Um
2.	Número total de linhas	Limitada pela capacidade de pesca com covos	Qualquer um, mas o número de fios em cada rolo é o mesmo de acordo com a capacidade da bobina	Qualquer
3.	Combinação cores	Qualquer	Faixas simples limitadas definidas pelo número de veios Faixas simples limitadas definidas pelo número de veios	Tudo menos repetido de acordo com as fitas
4.	Custos do trabalho manual	Menor	Menor	grande
5.	Âmbito de aplicação	Especialidade, revestimentos para alcatifas	Algodão e tecidos de base	Aplicação universal

A combinação de cores na teia não é difícil no caso da tecelagem com fita e da tecelagem direta de teia a teia. As dificuldades surgem na tecelagem por lotes. O principal desafio é encontrar a forma mais fácil de distribuir as linhas coloridas em cada rolo do lote e determinar a taxa de bobinagem na caixa de bobinas.

A contagem de linhas das linhas coloridas num modelo de costura é igual à soma do número de linhas de todas as cores do modelo.

O padrão de cores total é o número mais pequeno de fios coloridos, após o qual se repete a ordem da sua alternância no padrão. O padrão de cores parcial, $_{\text{Iqv}}$, é o padrão de fios coloridos por rolo de fiação.

$$R^{I}_{\text{пв}} = \frac{R_{\text{цв}}}{K_{\text{в}}}$$

$_{\text{B}}$em que: K é o número de rolos de fiar.

No cálculo da tecelagem com bases coloridas, podem existir quatro distribuições de padrões de cores parciais nos rolos de suporte.

O primeiro caso é aquele em que os fios coloridos são distribuídos uniformemente em cada rolo. $(\bar{R}^I_{пв\,1} = \bar{R}^I_{пв2} = \ldots = R^I_{пвi})$ Este é o caso mais simples, em que as relações individuais em todos os rolos de fiação são iguais entre si e a taxa é a mesma.

окрExemplo: Preparar uma teia multicolorida com o número de fios principais n = 1824, dos quais fios de borda n = 24. ÜввGama de cores R = 30 fios, vermelho = 15, azul = 9, branco = 6 fios, número de rolos de agulha K = 3.

1- Determinar o número de fios de filamentos em cada rolo

$$n_в = \frac{n_o - n_{кр}}{K_в} = \frac{1824 - 24}{3} = 600$$

2 Determinar o número de linhas de borda em cada rolo de agulhas

$$n^1_{кр} = \frac{n_{кр}}{K_в} = \frac{24}{3} = 8$$

Por conseguinte, haverá 600 fios de fundo e 8 fios de orla em cada rolo. A distribuição das linhas coloridas nos rolos deve ser a indicada no quadro 4.

Quadro 4.

Distribuição dos fios de cor nos rolos.

Gama de cores do tecido	Número de fios cada cor	Número de fios no rolo de fiar		
		Primeiro	segundo	terceiro
vermelho	15	5	5	5
azul	9	3	3	3
branco	6	2	2	2
Conclusão:	Qcv = 30	K'tsv = 10	K'tsv = 10	K'tsv = 10
Número de repetições do padrão 60	1800	600	600	600
arestas	24	8	8	8
Total:	1824	608	608	608

O segundo caso é quando os fios coloridos são distribuídos de forma desigual em cada rolo de fiação, mas sem faltar nenhuma das cores do padrão total e com uma igualdade obrigatória dos padrões individuais. Neste caso, são possíveis várias variantes da distribuição dos fios coloridos em cada rolo. Neste caso, é necessário esforçar-se por reduzir o número de apostas diferentes durante a preparação de todo o lote.

ц1!Exemplo: preparar uma base multicolorida com um número de 1944 fios principais, dos quais 24 fios para as bordas, alternando as cores no total de 60 vermelhos, 8 azuis e 28 brancos, relação de cores E = 60+8+28 = 96 fios. O número de rolos de fiar K_V = 3, 648 fios em cada rolo. Apresentemos a repartição dos fios sob a forma do quadro 5.

Quadro 5

Distribuição dos fios coloridos nos rolos

Gama de cores do tecido	Número de fios de cada cor	Número de roscas no alargador rolo		
		primeiro	O segundo	terceiro
vermelho	60	20	20	20
azul	8	4	4	4
branco	10	10	10	10
Conclusão:	96	32	32	32
Repetir 20 vezes	1920	640	640	640
arestas	24	8	8	8
Total:	1944	648	648	648

A tabela 5 mostra o método racional de preparação da urdidura, uma vez que a taxa na bobina é alterada pelo menos duas vezes. Noutros esquemas, se as relações privadas forem iguais, a taxa é alterada três vezes.

O terceiro caso - os fios coloridos em cada rolo são distribuídos de forma desigual, com saltos de algumas cores, sendo obrigatória a igualdade das relações de cores privadas.

São possíveis várias opções para a distribuição de fios coloridos, mas é necessário encontrar uma opção racional com o menor número de mudanças de taxa.

Exemplo: Preparar uma base multicolorida com 1540 fios principais e 40 fios de orla. A alternância de fios na relação total é de 10 fios vermelhos, 5 azuis, 6 brancos e 9 amarelos. ц1!Relação de cores E = 10+5+6+9=30 fios. вO número de rolos de emenda K = 5 com 308 fios em cada rolo. A distribuição das linhas coloridas é apresentada no quadro 6.

Tabela 6.

Distribuição dos fios coloridos nos rolos

Gama de cores do tecido	Número de fios de cada cor	Número de fios no rolo de fiar				
		primeiro	segundo	terceiro	quarto	quinto
vermelho	10	2	2	2	2	2

azul	5	1	1	1	1	1
branco	6	-	-	-	3	3
amarelo	9	3	3	3	-	-
Conclusão:	30	6	6	6	6	6
Repetir 50 vezes	1500	300	300	300	300	300
arestas	40	8	8	8	8	8
Total:	1540	308	308	308	308	308

São necessárias duas estacas de canela para tecer uma teia multicolorida.

Quarto caso. Os fios de cor são distribuídos no rolo por cor. Cada cor é batida num rolo separado. A necessidade de rolos é tão grande quanto o número de cores de fios de teia.

Exemplo: preparar uma base multicolorida com um número de 2544 fios principais, dos quais 24 fios de borda. A alternância de fios na relação total é de 14 fios vermelhos e 7 azuis, relação de cores Kcv = 14 + 7 = 21 fios. Isto pode ser feito em 6 rolos de 420 fios cada um para o fundo e 4 fios cada um para os bordos. Uma vez que existem duas vezes mais linhas vermelhas do que linhas azuis, é possível distribuir 4 rolos com linhas vermelhas e 2 rolos com linhas azuis. A distribuição das linhas coloridas é apresentada no Quadro 7.

Tabela 7.

Distribuição dos fios de cor nos rolos.

Gama de cores do tecido	Número de fios de cada cor	Número de fios no rolo de fiar					
		1 - om	2 - om	3 - м	4 - om	5 - om	6 - om
vermelho	14	14	14	14	14	-	-
azul	7	-	-	-	-	7	7
Conclusão:	21	420	420	420	420	420	420
Repetir o padrão		30	30	30	30	60	60
arestas	24	4	4	4	4	4	4
Total:	2544	424	424	424	424	424	424

Para a tecelagem de fitas, o número de fios da fita (estacas) deve ser igual ao número inteiro de rapports da cor.

Número de fitas na base

$$K_л = \frac{n_o}{n_л} = \frac{n_o}{K \cdot R_{цв}}$$

$_л$em que: $_{po}$ - número de fios da teia; $_{pl}$ - número de fios da fita; K - número de repetições o padrão de cores da fita.

O número de fios da fita (taxa) é igual ao número total de relações de cores, a fim de evitar perturbações no padrão de cores.

Para a modelação de fios de teia de comprimento médio, a Karl Mayer oferece a nova máquina de modelação Multi-Matic, que é muito eficiente e cobre fios de teia até 1500 metros de comprimento. Funciona com um mecanismo de modelação por tambor que permite alimentar até 128 fios na estrutura posterior. O núcleo da máquina é formado por 128 pinos de assentamento, dispostos radialmente ao longo da circunferência do tambor e que efectuam, através de um acionamento linear, um assentamento de fios muito rápido e preciso, com uma elevação de até 400 mm para o respetivo mandril de cone grande. Baseado na alimentação clássica do fio, o quadro Multi-Matic processa fios de diferentes tipos de fibras, desde fios de seda e fibras naturais até fios complexos de quase todos os tipos de fios, sem limitação da tensão do fio. Os dois travões de fio controlados por sensores e ajustáveis por motor estão localizados na estrutura de rebobinagem: Multitens para a gama de tensão estreita de 3-220 cN e RotoTens para a gama de tensão larga de 30-550 cN. Este último pode ser utilizado para fios de alta densidade de linha com direção do fio através do rolo guia do fio, que funciona com uma força de travagem de 80 cN.

2.2. crepes

A gaiola deve ter propriedades diferentes consoante a área de utilização, o tipo e a dimensão dos olhais de entrada, o material a processar, a dimensão da área de produção e a tecnologia selecionada.

As canelas modernas são simples e, ao mesmo tempo, estáveis na sua construção. Os princípios utilizados na construção do cinturão são os seguintes: os elementos individuais são montados em secções unificadas e a combinação de várias secções forma uma armação completa do cinturão. Se necessário, o cinturão pode ser encurtado ou alongado.

Consoante a aplicação, as bobinas são classificadas da seguinte forma;

- pelo aspeto (forma) dos covos (rectangulares e em forma de cunha);
- pelo tipo de processo de tecelagem do fio (tecelagem de fio interrompido ou contínuo);
- em função do tipo de enrolamento do fio do feixe (paralelo ou perpendicular ao eixo do feixe);
- pela capacidade da canilha (capacidade);
- pelo passo (espaçamento) entre os pacotes;
- pelo tipo de feixes a rebobinar.

As bobinas rectangulares podem ser bobinas standard, bobinas para carrinhos, bobinas com secções rotativas e bobinas para lojas.

A caixa de canela standard está equipada com uma estrutura de suporte de canela fixa de dupla face 1 (Fig. 9).

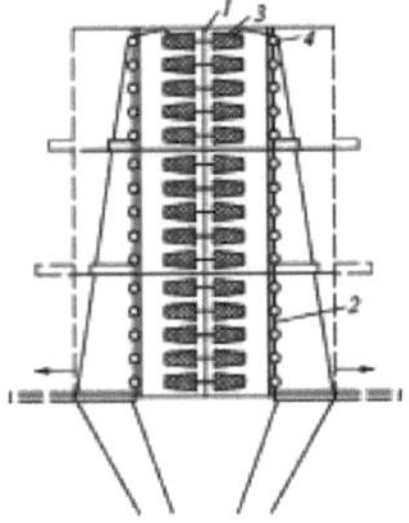

Figura 9. Covo padrão.

Os quadros móveis 2 dos tensores de linha são instalados com a possibilidade de regular a centragem e a distância entre as bobinas 3 e os tensores 4. O sistema permite um acesso fácil às bobinas e aos tensores.

O porta-bobinas (Fig. 10) é caracterizado por uma estrutura de suporte de bobinas de dupla face 1, constituída por várias secções de bogie 2, que podem ser individualmente estendidas ou empurradas para o porta-bobinas. As bobinas são carregadas nas secções do carro fora da bobina (na secção de bobinagem) e podem conter de 50 a 150 bobinas. As secções do carro podem ser movidas facilmente por meio de rolos de rolamento. Enquanto uma secção do carro está a enrolar o fio, a outra secção do carro, fora do cesto, está a ser enfiada. Esta conceção do cesto reduz significativamente o tempo de paragem da máquina de rebobinar e aumenta a sua eficiência.

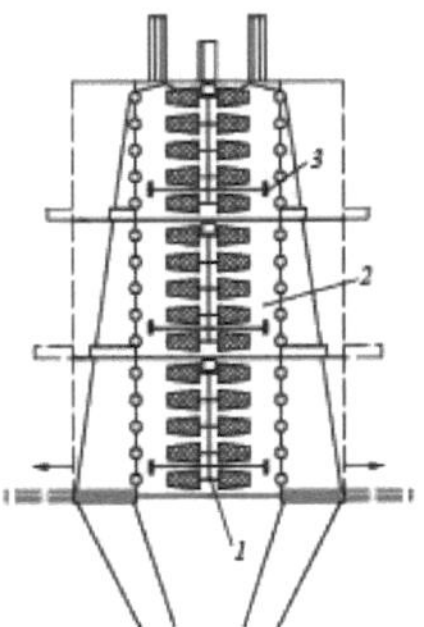

Fig. 10: Cesto de trólei.

É aconselhável utilizar uma bobina de carrinho em caso de limitações de espaço. A bobina com secção rotativa (Fig. 11) foi concebida principalmente para o processamento de grandes feixes de entrada com um peso de 5 a 25 kg. A secção giratória é feita de dois lados. De um lado, as linhas são desenroladas das bobinas 1 e, do outro lado, são enfiadas novas bobinas 2.

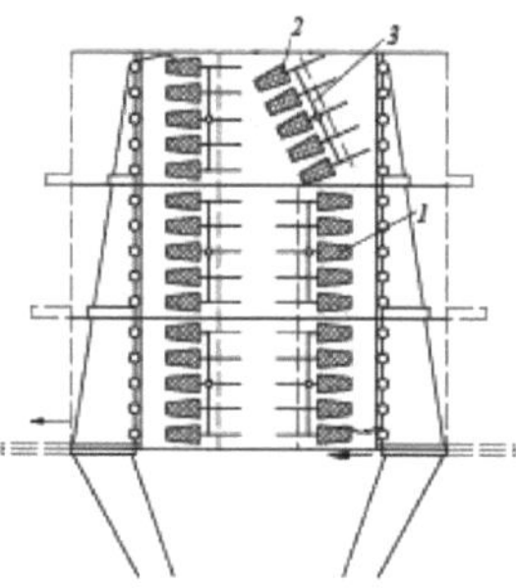

Fig. 11: Bobina com secção de torneamento.

Cada secção 3 é rodada 180 graus em relação ao eixo durante o reabastecimento e a sua fixação precisa em relação às estruturas móveis do tensor do fio. É aconselhável encher os feixes grandes e pesados fora da bobina, o que cria comodidade na manutenção e utilização eficiente dos meios auxiliares aquando da mudança de feixes. Se os feixes tiverem menos peso, é possível rodar a bobina 180 graus em torno do eixo de cada par de suportes da bobina quando se volta a encher a máquina de fiar.

A bobina de depósito (Fig. 12) é economicamente viável quando se cosem comprimentos de teia mais longos. Para cada tensor de linha 1, são enchidas uma bobina de trabalho 2 e uma bobina de reserva 3, sendo o início da linha da bobina de reserva ligado à extremidade da bobina de trabalho. A substituição das bobinas usadas é efectuada durante o funcionamento da máquina de fiar. É conveniente utilizar bobinas de oficina para a tecelagem de fios complexos provenientes de espigas grandes, que têm uma quebra mínima do fio e ocupam uma área de produção reduzida, bem como fios para os quais o enchimento (resíduo) de fios nos feixes restantes é altamente indesejável.

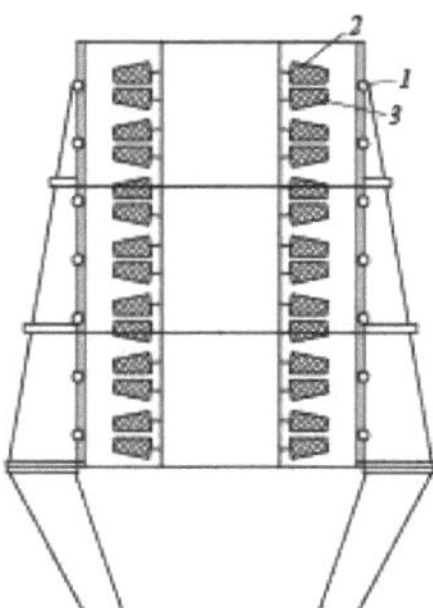

Fig.12. Cesto de loja.

Na bobina em forma de cunha, ao contrário das bobinas de secções paralelas descritas, ambas as asas das secções são colocadas em ângulo uma com a outra, formando uma estrutura em forma de V (Fig. 13). O espaço interior 1 entre as asas em forma de V da canilha é utilizado para armazenar e encher as canilhas aquando da mudança de lotes.

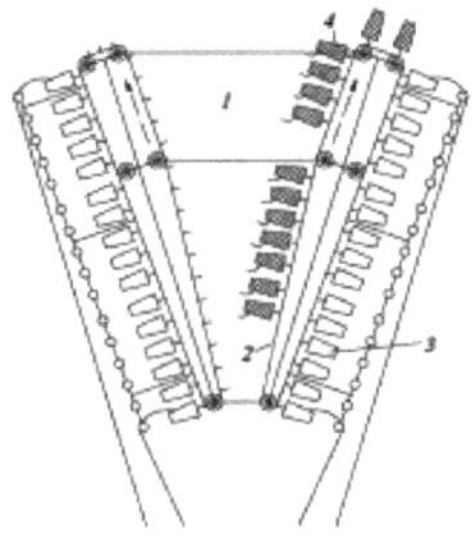

Fig. 13: Covo em forma de cunha.

As estruturas de suporte da bobina são concebidas como uma corrente sem fim 2. Enquanto uma taxa de bobina 3 está a ser enfiada a partir do lado exterior da caixa de bobinas, a taxa de bobina seguinte 4 é enfiada nos fusos vazios colocados no lado interior da caixa de bobinas. Ao mudar a velocidade, as bobinas vazias são transferidas para o lado interior da caixa de bobinas e as bobinas cheias para o lado exterior da caixa de bobinas.

Todos os tipos de tecelagem de bobinas estão equipados, em maior ou menor grau, com deslocação lateral da bobina, ventiladores, botões adicionais de paragem e arranque, dispositivos de enfiamento, atadores, tensores de fio, auto-paragens, separadores de fardos, fios especiais. A prevenção da acumulação de penugem, especialmente quando se tecem fibras com elevada formação de pó, é possível com a ajuda de sopradores automáticos de penugem. Os botões de arranque e paragem asseguram que a máquina de rebobinar pode ser iniciada ou parada a partir do lado da bobina. Ao encher uma nova taxa de bobinas, são utilizados um dispositivo de enfiamento e um dispositivo de nó para cada nível de bobina em ambos os lados da bobina. Com uma caixa de canela de seis níveis, são utilizados 12 atadores. O tempo de atar é de 5 seg. e o tempo de deslocação do atador é de 2 seg. Uma caixa de 600 bobinas com 50 suportes verticais de um lado requer cerca de 6 min. para atar as extremidades das linhas.

Os separadores de balão são utilizados para a tecelagem de fios com densidades de linha elevadas. As placas separadoras de cilindros, leves e posicionadas verticalmente, impedem a colisão dos cilindros. Isto aumenta as velocidades de bobinagem do fio em 20 a 60 %.

As paragens automáticas controlam a integridade da linha do carreto na saída da bobina ou na saída do tensor. Se a linha se partir, um pino de auto-paragem muito leve fecha cinemáticamente o circuito elétrico e pára a máquina. O tempo

médio de reação da paragem automática é de 6/100 segundos. Na prática, estes valores significam que, a velocidades superiores a 600 m/min, a extremidade do fio partido percorre uma distância de 0,6 metros durante o tempo de reação, enquanto a distância de paragem completa é de 3-4 metros.
Na tecelagem de fios crepes (muito torcidos) e texturizados (muito elásticos), são colocadas mangas especiais plissadas ou de plástico na superfície da bobina para evitar a formação de torções durante o enrolamento do fio.
É também utilizada uma rosca de barra adicional, cujo ângulo de cobertura da rosca de barra é ajustável em função do tipo de material a ser processado.
Os fios de poliolefileno (fios de película cortada sob a forma de fitas) são enrolados por enrolamento radial, uma vez que o enrolamento axial provoca torções adicionais do fio (fita). Devido à grande massa da bobina (até 5 kg) durante o enrolamento, há uma grande inércia, pelo que é necessário prever a travagem da bobina em rotação quando a velocidade de enrolamento é reduzida (paragem da máquina) e a desbloqueio da bobina quando a velocidade de enrolamento é aumentada (arranque da máquina). É importante evitar a acumulação de eletricidade estática por meio de neutralizadores de carga, que são instalados na bobina ou diretamente na máquina de rebobinar.
O enrolador não pode prescindir dos tempos de paragem associados ao reabastecimento das bobinas. Quanto menor for o tempo de paragem, maior será a eficiência do processo. Isto é facilitado, em grande medida, pelo enchimento em grupo das linhas aquando da mudança da taxa de bobinas (substituição do processo de atar a linha), pela utilização de bobinas com bobinas de carrinho, bobinas rotativas, bobinas de depósito e bobinas de cunha. No entanto, a solução mais económica é a utilização de, pelo menos, duas bobinas normais por máquina de fiar. Enquanto uma bobina é utilizada durante o processo de rebobinagem, a outra bobina é utilizada para o enchimento. Neste caso, as bobinas estão equipadas adicionalmente com suportes de cana, nos quais são inseridos os fios do stock. A bobina usada é então afastada e a bobina com fio e suporte de cana é instalada no seu lugar. Desta forma, o tempo perdido durante a troca de bobinas é reduzido ao mínimo absoluto. A redução do tempo de troca de bobinas, tendo em conta a automatização da troca de bobinas, é uma das formas de aumentar a eficiência do processo de tecelagem.

2.3. Tensão do fio durante o processo de tecelagem

O principal requisito tecnológico do processo é criar uma tensão uniforme de todos os fios de teia durante o corte.
Uma tensão excessiva do fio provoca uma estiragem elevada e reduz as propriedades elásticas do fio.
Uma tensão insuficiente do fio não garante a densidade de enrolamento

especificada, o que resulta numa perturbação da estrutura do enrolamento e no embate dos fios das camadas superiores contra as camadas inferiores do enrolamento.

A tensão desigual de todos os fios de teia perturba a cilindricidade do enrolamento no rolo de emenda ou na teia e leva à formação de cavidades e protuberâncias na superfície do enrolamento.

As desvantagens acima mencionadas levam a um aumento da quebra no processo de tecelagem e tecelagem, à deterioração da qualidade dos tecidos produzidos.

As bobinas estão equipadas com tensores de fio para obter a tensão necessária e uniforme de todos os fios durante o processo de tecelagem.

Os tensores de linha são subdivididos de acordo com as seguintes caraterísticas:

- pela forma como a tensão do fio é criada;
- pela natureza da força que exerce tensão sobre o fio no tensor;
- pela presença ou ausência de regulação automática da tensão do fio de saída.

São conhecidos os seguintes métodos para criar tensão no fio:

1. Colocando-o entre duas superfícies;
2. Envolvendo-o numa superfície curva fixa ou em várias superfícies;
3. Travando o rolo ou o disco que faz girar a rosca.

No primeiro tipo de tensor, a rosca é reta e fixada entre duas superfícies (Fig. 14). A tensão criada pelo tensor é criada pela fricção entre a rosca e as peças que a prendem.

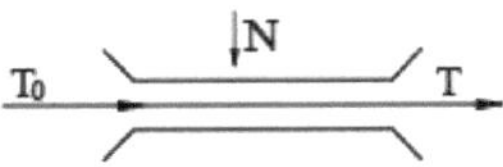

Fig.14.Arruela tensora.

A tensão é determinada pela seguinte relação:

T = To + Nf1 + Nf2

onde: Para - tensão da linha até ao tensor;

N é a pressão normal sobre o filamento;

$_1$f é o coeficiente da placa superior;

$_2$f - coeficiente de atrito da rosca contra a superfície da placa inferior.

Se f1 = f2 então

T = To + 2Nf H

As tensões das roscas são ajustadas através da alteração da pressão normal N.

Nos tensores que criam a tensão do fio na segunda via (Fig. 15) é determinada pela conhecida fórmula de Euler

$_{1234}$T = To exp f (α +α +α +α)

$_{234}$onde: α1, α , α , α - o ângulo de cobertura do fio de cada haste; f - o coeficiente de atrito do fio na superfície da haste; To - a tensão inicial do fio. Alterando o ângulo de cobertura da rosca da haste a, obtém-se a tensão tecnológica necessária da rosca.

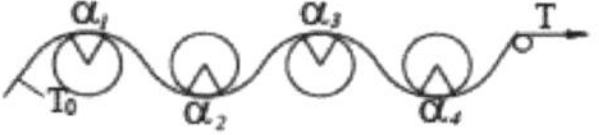

Fig. 15. Tensor de cumeeira.

No terceiro método (Fig. 16), a tensão do fio é aproximada pela expressão:

$$T = To + F\, r/R$$

em que: R - raio do rolo de apoio; r - raio do rolo de travão; F - força de travagem do rolo de travão.

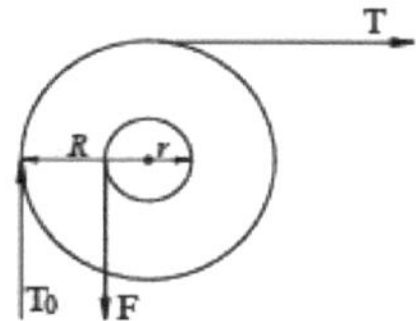

Fig. 16: Tensor do disco.

O funcionamento correto do tensor é possível quando o momento de fricção entre a linha e o rolo é superior à força de travagem do rolo.

Caso contrário, a linha começa a deslizar sobre o rolo, o rolo pára de rodar e actua como travão da linha. Neste método, a tensão da linha varia em função da força aplicada ao rolo travão.

A natureza da força aplicada em todos os métodos de tensionamento pode ser a força do peso, a força da mola, as forças magnéticas, a força da pressão atmosférica e a força de tensionamento inicial da linha. Estes tipos de forças podem ser aplicados em qualquer tipo de tensor. Os tensores com ajuste automático da tensão da linha de saída são amortecidos e não amortecidos. Os amortecidos ajudam a amortecer a oscilação das partes móveis do tensor, que são retiradas do equilíbrio por um ou outro salto de tensão.

Com a ajuda de um órgão sensível especial, que controla o valor da tensão do fio de saída, as forças que actuam no elemento de travagem do fio são automaticamente ajustadas (corrigidas).

As diferenças de velocidade durante o arranque, a paragem e o funcionamento da máquina de rebobinar, o posicionamento dos feixes de alimentação, a altura e o comprimento da bobina, o enrolamento de fios provenientes de feixes de alimentação com diâmetros e densidades de enrolamento diferentes aumentam a tendência para uma tensão desigual dos fios em movimento. A fim de igualar a tensão dos fios, é efectuada uma aplicação gradual da pressão normal nos tensores, tanto ao longo da altura como ao longo do comprimento da bobina. Podem também ser utilizados rolos especiais na saída da canilha, situados num ângulo ou em forma de cone, que permitem um ângulo diferente de enrolamento do fio nas superfícies dos rolos (Fig. 17).

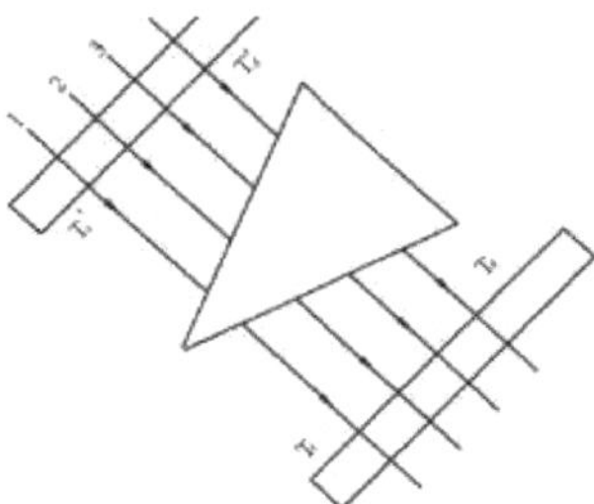

Fig. 17: Tensor do cone.

$T_1' > T_2' > T_3' > T_4'$ A tensão da linha T' da secção afastada da bobina é maior do que a tensão $T4$ da secção próxima da bobina, ou seja, etc. No entanto, de acordo com a fórmula de Euler

$$T = T' \cdot (\exp f\alpha)$$

por isso, a tensão da linha é a mesma na saída da canela

$T_1' = T_2' = T_3' = T_4'$, uma vez que o cone de tensão maior T' tem um ângulo de enrolamento do fio final mais pequeno e a tensão menor T tem um ângulo de enrolamento do fio cone maior. Tendo em conta que a tensão do fio ao longo da altura da canilha na sua parte central é menor do que nas extremidades da canilha, as dimensões (diâmetro) do cone em direção às extremidades podem ser reduzidas.

É aconselhável instalar rolos especiais na saída do tensor Fig. 18. A linha 1 passa pelo tensor (não mostrado na Fig. 18), pelas guias 2 e por um rolo especial 3, instalado com a possibilidade de movimento. Consoante o modo de funcionamento da máquina, o rolo 3 assume automaticamente uma de três posições.

Primeiro - abertura total (Fig.18a), o rolo 3 está na posição extrema esquerda, quando pára para permitir o livre acesso às bobinas durante o enfiamento.

Segundo - enrolamento máximo do fio do rolo (Fig.18b), o rolo 3 está na posição mais à direita, durante o arranque - paragem da máquina para fornecer tensão adicional do fio.

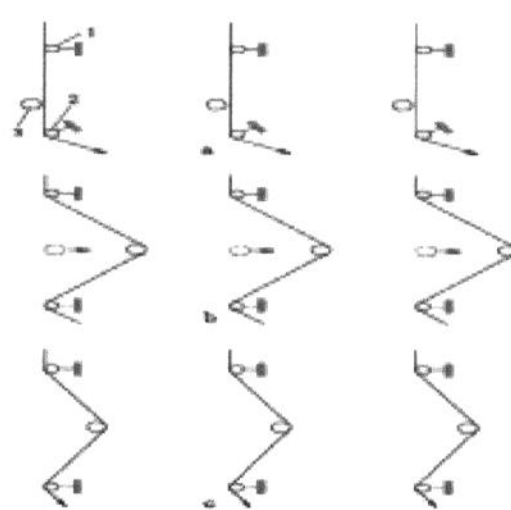

Período de paragem da máquina
Período de arranque e paragem da máquina
Período de cisalhamento

Figura 18: Tensor de passo.

Nesta posição, o fio trava suavemente em função da velocidade de tecelagem durante o período de arranque e paragem, os fios soltos são parcialmente recolhidos, o que evita as torções do fio.

Em terceiro lugar, durante o período de tecelagem, o rolo 3 (Fig. 18c) assume uma posição em que, à medida que o fio se afasta da bobina da frente (ao longo do comprimento da bobina) para a bobina de trás, o ângulo de torção do fio 1 no rolo 3 diminui. Isto assegura que a tensão é igualada para todos os fios que correm em conjunto.

Os tensores com rolos de pressão são utilizados para a tecelagem de fios de vidro e elastómeros, fios técnicos de alta resistência e bases de flores que são muito sensíveis à fricção, à flexão e à flambagem. Devido ao grande raio de curvatura, o fio passa através do ferrão dos rolos retardados, pondo-os em movimento, e evitam-se danos nos fios elementares quando os fios correm à volta dos rolos.

Além disso, os fios de cores diferentes (branco, azul, amarelo, etc.) têm coeficientes de atrito diferentes, pelo que os tensores de fio com rolos de pressão não detectam estas irregularidades.

A automatização da força de pressão dos rolos entre si, em diferentes modos de funcionamento (arranque-paragem, funcionamento, paragem prolongada) da máquina e com diferentes diâmetros de bobina, garante uma tensão uniforme do fio durante o processo de tecelagem.

2.4 **Tecelagem por lotes**

A tecelagem por lotes é a mais produtiva e é amplamente utilizada na tecelagem para o processamento de todos os tipos de fios, incluindo seda artificial e sintética, fios complexos e fios de poliéster.

As modernas máquinas de costura por lotes devem ser versáteis, ter uma produtividade elevada, constituir uma base de qualidade e ter em conta aspectos

de conceção ergonómica.
Versatilidade. As máquinas de fiação por lotes processam todos os tipos de fios com densidades lineares de 7,5 a 170 tex. Para os fios com uma densidade linear elevada, existe um batente em forma de balão com duas barras paralelas que impedem que os fios vizinhos sejam apanhados e instalados com a possibilidade de se estenderem durante a mudança de bobina. Possibilidade de trabalhar nos rolos de rebobinagem com enrolamento suave e normal. Mudança do número de fios, passagem de um tipo de fio para outro tipo de fio (por exemplo, de fio liso para fio torcido) devido ao rápido reenchimento do grupo de fios e à redução dos elementos de guia (linhas, canas, varas de preço, etc.).
Desempenho. Acionamento potente, travagem eficaz e sincronizada de todos os elementos rotativos dos rolos de rebobinagem, de prensagem e de medição. Tempo reduzido de operações manuais, automatização do processo de mudança de rolos na máquina e de estacas de bobinas, eliminação rápida de rupturas de fio, aumento da velocidade de corte até 1200 m/min com um espaçamento entre flanges de 1000 mm permite aumentar a produtividade das máquinas de rebobinar. No caso do corte, a velocidade média é inferior à velocidade calculada devido à aceleração e à paragem do rolo de rebobinagem devido à rutura do fio. A diferença aumenta com o aumento da velocidade.
A velocidade média de tecelagem é determinada pela seguinte fórmula:

$$V = \frac{2LV_p}{2L + V_p(t_1 + t_2)(r_o + 1)}$$

$_p$em que: L - comprimento da linha enrolada no rolo de emenda, m; V - velocidade de projeto (nominal) da linha, m/min; t1 - tempo de aceleração do rolo, min; t2 - tempo de paragem do rolo, min; r_o - número de rotações da linha que caem num rolo.
A velocidade real, tendo em conta o tempo de eliminação da quebra e o número de quebras de linha por rolo de agulhas, pode ser determinada da seguinte forma Expressão

$$V_\phi = \frac{V_{cp}}{(1 + r_o \cdot t_3 / 100)}$$

em que: t3 - tempo de eliminação da rutura do fio de 0,7 a 1,12 min.
A distância de travagem *S* não deve ser superior a 4 metros à velocidade V_p =1000 m/min, o que evita que as extremidades quebradas da rosca passem para o rolo.
O tempo de paragem do rolo giratório pode ser determinado

$$t_2 = \frac{S}{V_p}$$

O tempo de aceleração é geralmente tomado em função da velocidade de projeto

t_p = 0,1 - 0,17 (min). O quadro 8 apresenta os resultados dos cálculos das velocidades média e efectiva para o corte de fios com uma densidade linear de 15 tex, 60000 metros de comprimento de corte, a uma velocidade de projeto Vp = 1000 m/min, em função do número de rupturas de fio.

Tabela 8.

Cálculos das velocidades de corte médias e efectivas.

№	Número de rupturas por 1 milhão de metros de fio r	Número de pausas por rolo Goh	Tempo de paragem do rolo, t2	Tempo de aceleração do rolo t1	Tempo para eliminação de pausas t3	Velocidade média, V_{cp}	Velocidade real, V_f
	Obr.	Obr.	min.	Min.	min.	m/min	m/min
1	Um	36	0,004	0,166	1,12	950	677
2	Dois	72	0,004	0,166	1,12	906	502
3	Quatro	144	0,004	0,166	1,12	830	318
4	seis	216	0,004	0,166	1,12	765	224

Como se pode ver no quadro 8, quando a rutura do fio aumenta por um fator de seis, a velocidade real do nó diminui por um fator de três.

Melhorar a qualidade dos feixes de entrada reduz a quebra da linha e aumenta a velocidade da máquina, melhorando assim a eficiência do processo. A taxa de bobinas na estrutura de rebobinagem também tem um efeito significativo na eficiência do processo de rebobinagem. À medida que a taxa de bobinas aumenta, o número de trocas de bobinas diminui, mas, ao mesmo tempo, o tempo necessário para eliminar as quebras de linha aumenta. Quando a taxa de bobinas é aumentada até um determinado valor, a produtividade da máquina de rebobinar aumenta e depois começa a diminuir. As expressões seguintes são utilizadas para determinar a velocidade óptima da bobina:

para tecelagem contínua

$$m_{on} = 6000/\sqrt{av*c}$$

tecelagem descontínua

$$m_{on} = 1000*\sqrt{32}/\sqrt{avc}$$

[6]*em que: a é o* número de rupturas por 10 m de fio único; V é a velocidade de corte m/s;

C - coeficiente que tem em conta as transições do enrolador na eliminação da rotura. C = 1,4 + 1,5 - para tecelagem contínua. C = 0,4 + *0,5* - para a tecelagem descontínua.

As modernas máquinas de tecer por lotes têm uma elevada capacidade de produção - uma máquina de tecer por lotes pode servir 500 teares. Ao

desenvolver novas máquinas por lotes, o objetivo não é aumentar a produtividade, mas sim melhorar a qualidade da tecelagem.
A qualidade da urdidura pode ser obtida enrolando o mesmo comprimento de fios no rolo de rebobinagem, com a mesma tensão em todos os fios e com o posicionamento correto dos fios no rolo. Para este efeito: o corpo do enrolamento no rolo de rebobinagem deve ser perfeitamente cilíndrico; a tensão dos fios permanece inalterada durante todo o processo de rebobinagem, independentemente da velocidade de rebobinagem, do diâmetro das bobinas, da sua colocação no quadro de rebobinagem e de outros factores que afectam a tensão dos fios; a passagem dos fios pelos corpos de trabalho deve ter a ordem correta e impedir o seu cruzamento. A urdidura de má qualidade tem uma tensão desigual dos fios e não tem o mesmo comprimento. Os diferentes comprimentos provocam a flacidez ou o estiramento excessivo dos fios na lixadeira e no tear. Os fios soltos (flácidos) fazem com que os fios se torçam ao serem enfiados. Quando estes fios passam para as barras de separação do campo de preços (após as bobinas de secagem), os fios partem-se e as máquinas de lixar ficam paradas. Na máquina de tecer, os fios soltos colam-se a outros fios e são cortados pela lançadeira, pinça ou tecelão. Os fios demasiado esticados são ainda mais deformados durante o processo de tecelagem, o que também leva a quebras de fio. A tensão irregular (desigual) dos fios ao longo da largura da urdidura provoca um processamento diferente da urdidura no tecido, o que dá origem a defeitos visíveis no tecido e no subsequente tingimento do tecido para as suas diferentes tonalidades, devido à diferente absorção do corante. Além disso, no acabamento de algumas variedades de tecidos, pode haver problemas na aplicação de revestimentos no tecido (cola, borracha, etc.), na colagem de tecidos, na termofixação. Assim, a qualidade da teia obtida durante a tecelagem tem uma grande influência na produtividade do tear e na qualidade do tecido e do tecido acabado.
Numa máquina de enxaguamento por lotes para produzir bases de alta qualidade:
- alimentação exacta da linha;
- pressão uniforme do rolo de laminagem contra o rolo de fiação;
- recuo do rolo de laminagem em caso de rutura da rosca;
- mantendo uma tensão de urdidura constante;
- medição exacta do comprimento de base especificado;
- movimentos oscilatórios da linha divisória.

A alimentação cuidadosa do filamento, graças à distância mínima entre a fila de separação, o rolo guia e o ponto de enrolamento no rolo de rebobinagem, garante uma elevada precisão de alimentação do filamento quando este é introduzido no rolo de rebobinagem. O sistema de pressão indireta (Fig. 19) assegura uma pressão uniforme do rolo de enrolamento sobre o rolo de rebobinagem. Durante o trabalho do rolo de rebobinagem 1, o aumento do diâmetro do enrolamento 2 leva ao movimento para a esquerda do rolo de rebobinagem 3, carregado pelo sistema de pressão 4 (Fig. 19).

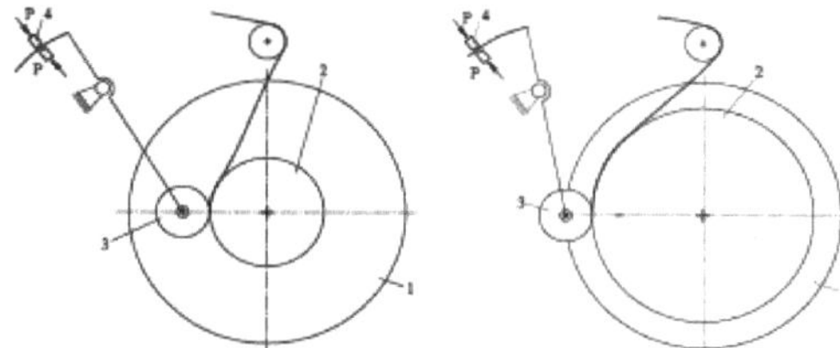

Fig. 19: Sistema de prensagem indireta do rolo de laminagem para o rolo de fiação.

Este sistema de pressão indireta favorece um enrolamento perfeitamente cilíndrico no rolo de fiar.

O recuo do rolo de laminagem durante o período de travagem evita a fricção entre o rolo de laminagem e os fios de teia enrolados no rolo de rebobinagem. O sistema de prensagem indireta não necessita de quaisquer dispositivos adicionais, uma vez que o recuo do rolo de laminagem é forçado pela energia cinética. Quando a máquina é posta em funcionamento, o rolo volta automaticamente à posição de trabalho. A velocidade constante do fio mantém a tensão do fio ao mesmo nível.

As flutuações de tensão do fio durante o arranque e a paragem da máquina são minimizadas devido aos curtos tempos de aceleração e desaceleração do rolo de emenda. O encravamento forçado do rolo de tecelagem com o rolo de emenda e a medição do comprimento da teia pelo rolo de tecelagem garantem uma medição mais exacta do comprimento da teia do que a medição do comprimento da teia no rolo-guia.

As barras das filas de separação são feitas com passos correspondentes ao número de camadas na altura da bobina para facilitar a recolha da linha nas filas.

O movimento horizontal da fila de separação distribui os fios uniformemente sobre a superfície de enrolamento do rolo de fiação.

Os aspectos ergonómicos da conceção garantem: trabalho mais fácil para o pessoal operador; proteção óptima para o pessoal; comandos bem concebidos e convenientemente localizados. A altura de trabalho conveniente da gaiola, a distância mínima entre a gaiola e o rebobinador, o desenho escalonado das hastes da fila deslizante, a redução da fadiga do pessoal de operação permitem reduzir o tempo para a eliminação das quebras de fio de 1,12 min para 0,6 min.

Exemplo: o número de fios na base 4200 fios, a taxa de bobinas 600 fios, quebra de fio no rolo de agulhas 36 quebras. Tempo para eliminar a quebra de linha:
opção 1 - 36 - 1,12 = 40,32 min.
variante 2 - 36 - 0,6 = 21,6 min.
Poupa tempo ao eliminar a quebra:
por rolo 40,32 - 21,6 = 18,72 min.
para um lote de rolos (40,3 - 21,6) - 7 = 131 min. ou 2,2 horas.
Em 2,2 horas, podem ser trabalhados mais 1,7 rolos de fiação.
As diferentes modificações mais comuns das máquinas de costura de aparas foram efectuadas por Barber-Kohlmann, Schlafhorst, Beninger.

2.5 Tecelagem de fitas

A tecelagem de fitas consiste em duas operações: o enrolamento sucessivo das fitas na bobina (bobinagem) e, em seguida, o enrolamento simultâneo de todas as fitas na cabeça de tecelagem (lenoing). A presença destas operações reduz significativamente a produtividade do processo e cria uma tensão irregular do fio.

A tecelagem de fita reduz significativamente o desperdício e permite produzir teias acabadas com um grande número de contagens de teia. A tecelagem de fita é adequada para o processamento de matérias-primas caras, urdiduras com um grande número de fios, urdiduras com um grande número de fios com uma relação de cores complexa em comprimentos de urdidura até 2500 m, bem como para a criação de instalações de produção que processam fios ou fios com elevadas propriedades físicas e mecânicas torcidos em pequenos volumes.

A secção da fita no tambor de remendo pode ter: uma forma retangular, em que os pinos, manilhas, escudos impedem que os fios das extremidades da fita caiam; uma forma de paralelogramo, em que a base da primeira fita é colocada no cone do tambor e a segunda no cone da primeira fita. A estrutura correta da fita é obtida ajustando o ângulo do cone do tambor e o avanço (movimento) do paquímetro em função da espessura das roscas. Um ajuste incorreto levará à distorção da forma da secção transversal da fita e, consequentemente, a alterações no comprimento e na tensão de cada fio.

Nas máquinas de fiar com um ângulo de conicidade variável no tambor e um movimento constante da corrediça, é caraterístico que o ângulo de conicidade do tambor aumente com a diminuição da densidade linear do fio, ou seja, quanto mais fino for o fio, maior será o ângulo de conicidade do tambor.

Nas máquinas de fiar com um ângulo do cone do tambor constante e um avanço variável da corrediça, é caraterístico que o valor do movimento da corrediça aumente com o aumento da densidade do fio, ou seja, quanto mais grosso for o fio, maior será o movimento da corrediça.

Assim, a fim de obter uma boa estrutura de enrolamento e um comprimento de fita mais longo no tambor, os fios com uma densidade linear elevada são enrolados em máquinas de rebobinagem com um ângulo de cone do tambor constante e os fios com uma densidade linear baixa em máquinas de rebobinagem com um ângulo de cone do tambor variável. Existem duas formas de regular o movimento da pinça: manual - com base nos dados de controlo do processo de tecelagem, na experiência do pessoal de operação, utilizando monogramas e material tabular, etc.; automática - com base no registo da posição dos fios durante a tecelagem e automatizando o processo de movimento da pinça.

Vamos calcular o valor do movimento de deslizamento quando as roscas são enfiadas no tambor. Definir a área da secção transversal da correia (Fig. 20):

$$S = a \cdot b = a \cdot H \cdot tg\alpha$$

em que: a - largura da fita, cm; b - espessura do enrolamento da fita, cm; H - velocidade de avanço do paquímetro quando toda a fita é enrolada, cm; α - ângulo do cone da fita.

Capacidade de enrolamento da fita

$$V = S \cdot \pi \cdot D = a \cdot H \cdot \pi \cdot D \cdot tg\,\alpha$$

em que: D - valor do diâmetro médio do enrolamento, cm

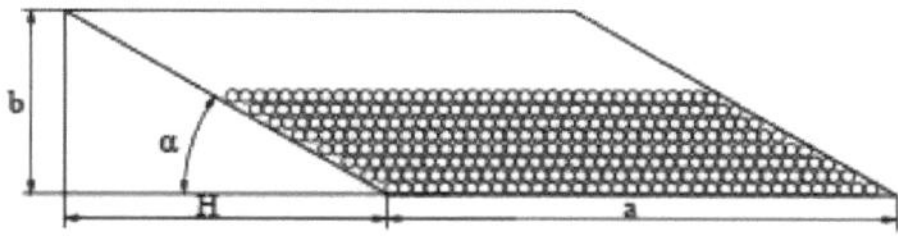

Figura 20: Área da secção transversal da fita.

Peso do enrolamento da fita:

$$G = V \cdot \gamma = a \cdot H \cdot \pi \cdot D \cdot \gamma \cdot tg\,\alpha$$

em que: γ - densidade do enrolamento gr./cm

Peso de uma bobina de fita

$$g = \pi \cdot D \cdot T \;/\; 1000$$

em que: T - densidade linear do fio, tex.

Número total de voltas do fio em toda a fita.

$$K = G / g = 1000 \cdot a \cdot H \cdot \pi \cdot \gamma \cdot tg\alpha / \pi \cdot D \cdot T = 1000 \cdot a \cdot H \cdot \gamma \cdot tg\alpha / T$$

Por outro lado, o número de voltas do fio na fita

$$K = n \cdot a \cdot p$$

em que: n é o número de rotações do tambor durante o tempo de tecelagem do fio;

a - largura da fita, cm; p - densidade da fita (número de fios por 1 cm).

Igualando valores iguais, obtém-se

$$n \cdot a \cdot p = 1000 \cdot a \cdot \mathrm{H} \cdot \gamma \cdot tg\, \alpha / \mathrm{T}$$

$$p = 1000 \cdot \mathrm{H} \cdot \gamma \cdot tg\, \alpha / n \cdot \mathrm{T}$$

Movimento total da lâmina quando toda a fita está a ser desgastada

$$H = p \cdot n$$

em que: n é o movimento da corrediça por uma volta do tambor.

Vamos substituir a expressão obtida na anterior e obter

$$p = 1000 \cdot n \cdot \gamma \cdot tg\, \alpha / \mathrm{T}$$

Determinar o movimento da corrediça para uma volta do tambor

$$n = p \cdot T / 1000 \cdot \gamma \cdot tg\, \alpha$$

A quantidade de movimento da corrediça depende da espessura dos fios, da densidade dos fios na fita, da densidade específica do fio enrolado no tambor e do ângulo do cone do tambor.

A regulação manual do avanço do calibrador requer certas competências do operador para ajustar o avanço do calibrador durante o processo de enrolamento. Caso contrário, o aumento ou a diminuição incorrecta do avanço da corrediça, o ajuste incorreto das juntas entre as fitas pela corrediça conduz à não cilindricidade da superfície de enrolamento no tambor, ou seja, a saliências ou depressões entre as fitas seguintes nas áreas do cone do tambor e da primeira fita.

O controlo automático do avanço da corrediça assegura a cilindricidade do enrolamento no tambor através da medição constante ou periódica da espessura da teia enrolada no tambor e os resultados das medições são enviados para o computador, onde são comparados e é emitido um comando para mover a corrediça.

A medição da espessura do enrolamento no tambor pode ser efectuada por meio de um rolo de selagem em contacto com o enrolamento de teia.

O rolo de compactação permite uma baixa tensão do fio, a conservação do fio e um enrolamento compacto (apertado). A pressão dos fios com uma determinada força durante o enrolamento tem um efeito de nivelamento, ou seja, o mesmo comprimento de todos os fios ao longo da largura de enchimento do rolo de fiação.

Para além do mesmo comprimento, os fios devem ter uma tensão uniforme (igual) em toda a largura do enchimento durante todo o período de enrolamento na bobina.

No entanto, os desvios na tensão da linha podem ser causados por alterações na velocidade de funcionamento, redução do diâmetro da bobina, alterações no coeficiente de fricção nos tensores e nas guias da linha, alterações na tensão da linha devido a mudanças de lote dentro da mesma teia.

Assim, quando os fios são colocados no carretel de fiação, a tensão do fio é

influenciada por factores não controlados pelo tensor de fio.
A medição da tensão dos fios no ponto de entrada no corpo de enrolamento do tambor e a transmissão do sinal a um microcomputador, onde é comparado com um valor pré-determinado da tensão do fio e a emissão de um comando para a regulação automática do tensor, ou seja, a manutenção ao mesmo nível da tensão pré-definida de todos os fios individuais, resolve este problema.
As fitas são puxadas das bobinas de fiação para a cabeça de tecelagem sob uma tensão de fio definida.
Uma tensão excessiva do fio prejudica as propriedades físicas e mecânicas do fio, provoca o corte das camadas superiores do fio nas camadas inferiores e reduz a velocidade de leno dos fios.
Para produzir urdiduras de qualidade, a urdidura é sujeita a um movimento recíproco longitudinal que forma um enrolamento transversal na urdidura. Além disso, um rolo adicional é pressionado contra o enrolamento da teia com uma certa força para compactar o enrolamento, minimizando a tensão da teia.
Nalguns casos, é interessante determinar a relação entre a capacidade do tambor de fiação e o diâmetro máximo de enrolamento na bobina. A comparação é efectuada com base nos volumes de enrolamento no tambor e na bobina. O volume de enrolamento no tambor é determinado pela fórmula

$$V_6 = \pi \cdot n \cdot S \cdot l \cdot \sin\theta (d + l \cdot \sin\theta)$$

em que: n-número de correias; S-movimento da corrediça, cm; *l-comprimento do* cone no tambor, cm; d-diâmetro do tambor de reaquecimento, cm; θ-ângulo do cone do tambor, graus.
Volume do fio por meada segundo a fórmula

$$V_н = \frac{\pi \cdot H}{4}(D_н - d_{cm})$$

em que: H - disposição dos flanges do enrolamento, cm; DH - diâmetro do enrolamento no enrolamento, cm;
dcm - diâmetro do tronco do navoi, cm.
$_6$Os volumes $V = _{VH}$resultantes são equacionados

$$\pi \cdot n \cdot S \cdot l \cdot \sin\theta (d + l \cdot \sin\theta) = \pi \cdot H / 4[(D_H^2 - d_{cm}^2)]$$

A expressão obtida, resolvendo em função do diâmetro do enrolamento na cabeça, obtém-se $D_H = \sqrt{4 \cdot n \cdot S \cdot l \cdot \sin\theta (d + l \cdot \sin\theta) / H + d_{cm}^2}$

Exemplo; $n = 10, S = 17{,}8см., l = 85см., \theta = 13.6град., d = 75{,}5см., d_{cm} = 18см., H = 178см.$
DH =89,2cm
Desta forma, o volume de fio especificado é enrolado do tambor de rebobinagem para a teia de tecelagem com um diâmetro de enrolamento de 90 cm. As máquinas de fiação modernas estão equipadas com um diâmetro de

flange de urdidura até 1250 mm.
A produtividade dos passadores depende da velocidade da bobina, do número de fitas, do número e do tipo de cordões de preço, da rutura da linha e da conceção da máquina (tambor amovível ou não amovível).
O aumento da velocidade da bobina com uma redução correspondente do número de fitas não permite o aumento desejado da produtividade da máquina.
O valor da taxa óptima é determinado pela seguinte expressão

$$m_{on} = 2000\sqrt{b/a \cdot c} \cdot \sqrt{1/V + t/L}$$

[6]em que: *b - número de* bobinas na fila vertical; *a - número de* rupturas em 10 m de fio único; *c* - coeficiente que determina o tempo gasto nas transições, entre duas filas vizinhas de bobinas; *V* - velocidade de corte, m/seg.; *t* - tempo de paragem das máquinas no processo de reenchimento da fita e colocação de preços no processo de corte de uma fita, seg.; *L* - comprimento do corte, m.
Tempo de tricotagem por urdidura

$$t_c = LK_n / V_c \eta_c$$

em que: *L-comprimento de* corte, igual ao *comprimento* da teia, m; *Cl-número de* fitas; Vc-velocidade de corte, m/min; *nc-coeficiente de* tempo útil de corte.

Tempo de torção $t_n = L / V_n \cdot \eta_n$

em que: η n-coeficiente do tempo útil de laçada; V n-velocidade de laçada, m/min.
Tempo total de fabrico da base: $t0 = tc + tn$
Rendimento do processo em termos de quantidade de material processado em kg/h.

$$A_1 = A \cdot n_0 \cdot T \cdot 10^{-6} \text{ кг/ч}$$

$_0$em que: T - densidade linear do fio, tex; n - número de fios na teia.
As máquinas de rebobinar correias são produzidas por Beninger, Hakoba e Textima.

3. LIXAGEM DAS BASES

3.1 Materiais Schlichting

A schlichting é uma operação que consiste em aplicar uma solução de schlichte ao fio, que, após secagem, forma uma película protetora de substância coloidal, adesiva, aglutinante e formadora de película.

O fio escovado deve ser capaz de resistir à vibração, à fricção, ao impacto, ao estiramento e aos efeitos electrostáticos durante a tecelagem e garantir o bom funcionamento do tear para produzir tecidos de alta qualidade.

A pasta é constituída por adesivos (amido, CMC, PVA, etc.) e substâncias auxiliares (amaciadores, anti-sépticos, etc.).

Os agentes de descamação são solúveis em água (PVA, PAAM), que podem ser diretamente lavados do tecido com água, e solúveis em água (amido, CMC, etc.), que são primeiro convertidos num estado solúvel em água e depois lavados do tecido. As propriedades úteis da pasta são completadas com a produção de tecido.

O processo de deslamagem do tecido (remoção da lama) é adequado para materiais solúveis em água, uma vez que são facilmente removidos e podem ser reutilizados após a regeneração, reduzindo assim significativamente a poluição das águas residuais.

Deve-se procurar obter uma composição mínima da lama:

- para fios de algodão - CMC, amido, agente molhante ou CMC e agente molhante;
- para fios de lã - CMC, agente molhante ou PAAM e agente molhante;
- para fios de viscose - amido, CMC;
- para fios de viscose e de acetato - PVS ou PAAM;
- para misturas de fio de poliéster com fibra de viscose - amido e CMC ou amido e PVA.

As caraterísticas quantitativas e qualitativas da lixadeira dependem do tipo de fio, da densidade do fio, da trama do tecido, do tipo de lixadeira e do tear.

A inter-relação e a combinação óptima de factores - adesão, aderência, aderência da lama às fibras, penetração da lama no fio, uniformidade da sua distribuição no fio, resistência e flexibilidade das películas de lama - com parâmetros controlados (composição da lama, concentração, viscosidade, temperatura da lama, velocidade e temperatura de secagem) garantem uma elevada eficiência do processo de corte e a qualidade dos produtos semi-acabados obtidos.

Os parâmetros do chorume são mantidos constantes durante o processo de cozedura. A fim de assegurar uma determinada concentração e viscosidade do chorume, o peso da matéria seca e o volume do chorume devem ser ajustados e devem ser utilizados dispositivos de dosagem, meios e instrumentos para medir e controlar a viscosidade, a concentração e o volume do chorume.

Atualmente, o sistema automático de preparação da pasta é amplamente utilizado (Fig.21). Ao selecionar a composição da pasta, o operador transmite por código digital a tarefa ao microprocessador (computador) 1, que determina o conjunto correto de todos os parâmetros controlados - temperatura, pressão, velocidade, viscosidade, concentração, volume da pasta e especificação dos componentes da pasta. Todas as informações são apresentadas no ecrã para visualização pelo operador.

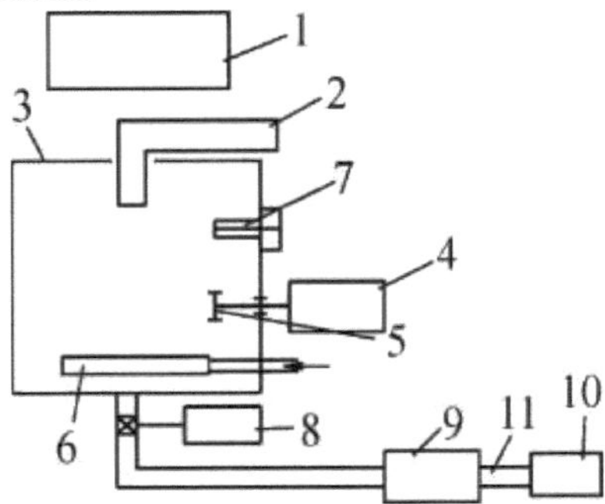

Figura 21: Sistema automático de preparação da lama.

O microprocessador 1 dá o comando: verter água 2 através da tubagem para o depósito 3 com o volume definido; ligar os agitadores 5 do motor elétrico 4; carregar cada componente suspenso no depósito 3; fornecer vapor 6 à serpentina através da linha de vapor. Quando a temperatura definida é atingida, o sistema de controlo 7 mantém-na constante durante o processo de cozedura.

No final da cozedura, a lama é transportada pela bomba 8 para o tanque 9 para armazenar a lama e manter a temperatura da lama a um determinado nível. Quando é recebido um sinal da calha de cola 10, a lama é transportada para a máquina de lixar através da linha de lama 11.

Na fase final do processo de moagem, o microprocessador determina a qualidade da lama e compara-a com os dados armazenados no programa.

A reutilização da lama retirada do tecido durante o processo de desarenação resolve o problema do tratamento das águas residuais e o custo dos materiais da lama.

A raspagem de tecidos permite remover dos tecidos até 95% da lama aplicada sob a forma de uma solução com uma concentração baixa de até 30 g/litro, e para lixar é necessária uma concentração de 80-120 g/litro.

A evaporação, a precipitação e a ultrafiltração são utilizadas para aumentar a concentração da lama. No entanto, estes processos são dispendiosos e não produzem um chorume com propriedades bem reproduzidas.

Para a regeneração de lamas higroscópicas, de inchaço rápido e solúveis em água, é utilizado o aparelho de remoção de lamas solúveis em água da empresa Beninger (Fig. 22).

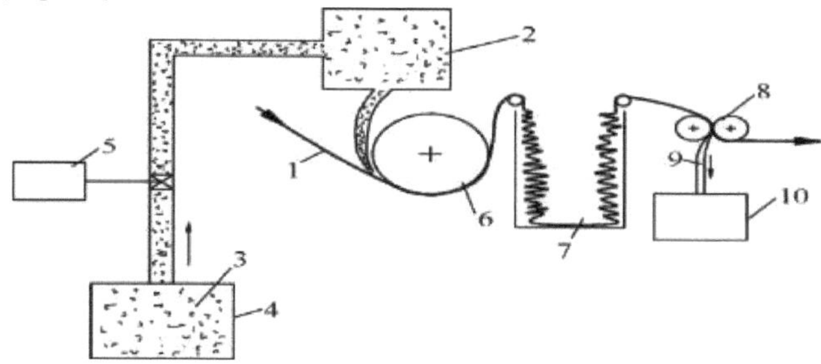

Fig. 22: Removedor de lama solúvel em água Beninger.

O tecido 1 é tratado na zona da lama 2 com a solução de lama 3 com a concentração de 40-60 g/litro, fornecida a partir do tanque 4 por meio da bomba-dator 5. Além disso, o tecido envolve o eixo 6 e entra no acumulador 7. Após o inchaço e a dissolução da pasta, o tecido é espremido no dispositivo de espremedura 8 e, através da tubagem 9, a solução com uma concentração de 80-120 g./l vai para o tanque 10. O tecido, ao mover-se para a área de aplicação da pasta, provoca a formação de espuma na solução, devido à grande contribuição do fluxo de ar do tecido para a solução, resultando numa diminuição da área de contacto entre o tecido e a solução. [2]Com uma velocidade de movimento do tecido de 50 m/min e um peso de tecido de 200 g/m, a quantidade de ar introduzida pelo tecido na solução é de 15 litros/min. A alimentação do tecido e da solução (pasta) sob o eixo envolvente 6, espreme o ar do tecido para a atmosfera com solução viscosa, a quantidade de pasta alimentada (solução) é 150% da massa do tecido. É conveniente utilizar o aparelho num conjunto com máquinas de lavar e secar.

3.2 Aplicação do chorume.

Existem três formas de aplicar a lama na rosca:

- lixagem com substâncias solúveis, emulsionadas e dispersas com água (clássica);
- lixagem húmida com substâncias solúveis, emulsionadas e dispersas com solventes (percloroetileno, percloroetano);
- lixagem a seco com sólidos semelhantes a cera ou substâncias fundidas.

A aplicação **clássica** de **lama** é efectuada utilizando uma lama altamente concentrada, uma força de alta pressão nos rolos do rodo e uma lama espumosa.

A lama altamente concentrada reduz a energia necessária para a secagem do substrato. O grau de absorção da solução pelo fio não se deve à imersão da urdidura 1 na pasta 2 (Fig. 23), mas sim à alimentação da urdidura com solução na picada dos rolos espremedores 3 e 4. O fornecimento de licor à picada dos rolos espremedores é efectuado pelo rolo inferior 4 e a quantidade de pasta aplicada à urdidura é efectuada pelo rolo 5.

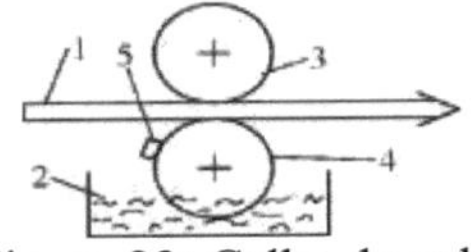

Figura 23: Calha de cola.

Para reduzir a pressão no ferrão e otimizar a dosagem de calda de cimento na base, o veio superior tem um revestimento de borracha e o veio inferior tem uma superfície gravada. O excesso de licor é removido pelo ancinho 5 das superfícies salientes do eixo 4, e o licor que permanece nos recessos do eixo vai para o ferrão dos eixos. A borracha do rolo superior pressiona a teia para dentro das reentrâncias da superfície do rolo 4 e a pasta é aplicada num dos lados dos fios da teia.

Desvantagens deste método:

- quando se muda a gama de tecidos, dificuldades na substituição do rolo gravado;
- Em função da quantidade de cola, os rolos têm uma estrutura e uma profundidade de gravação diferentes;
- A contaminação dos recessos de gravação ou os danos mecânicos na superfície do rolo alteram o grau de acabamento do filamento.

A principal vantagem do método é o facto de o grau de acabamento dos filamentos não depender da velocidade de lixagem.

O corte longitudinal convencional utiliza fiação por rolos de 15 a 60 kN e processa fios de gravidade específica baixa a média numa pasta de baixa viscosidade.

A compressão da teia em rolos com uma força de pressão elevada (até 100 kN) durante a lixagem reduz o teor de humidade dos fios à saída da calha de lixagem e reduz o consumo de energia para a secagem da teia.

Consequentemente, a elevada concentração de fibras e a elevada força de fiação dos rolos reduzem o consumo de materiais de lixagem e a energia necessária para a secagem da teia, aumentam a velocidade de lixagem e a capacidade de processamento da teia na tecelagem. Estes desenvolvimentos foram aplicados às máquinas de fiação de West Point.

A lixagem com espuma tem as mesmas vantagens que a lixagem com elevada força de compressão e elevada concentração de areia.

A espuma é produzida por mistura mecânica da solução: na presença de ar; por sopro de gás comprimido; por aquecimento de emulsões de alta qualidade constituídas por líquidos espumantes.

A composição da solução de espuma tem um solvente (água), solventes inorgânicos, adesivos, agente espumante, aditivos que regulam a viscosidade ou a estabilidade da espuma.

A espuma é aplicada por um ancinho de lâminas ou de rolos, em movimento horizontal ou vertical. Durante o movimento da base 1, a espuma 2 é distribuída uniformemente pelo ancinho de facas 3 (pode ser um ancinho de rolos) e depois espremida pelos rolos 4 (Fig. 24). Os dispositivos de aspiração 5 são instalados na zona dos rolos de compressão - ancinho de facas.

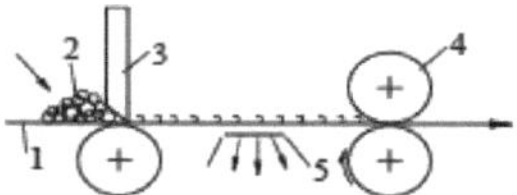

Fig. 24: Plussing horizontal.

Na plusovka horizontal (Fig. 25), a urdidura 1 é passada através do primeiro dispositivo de compressão 2 para distribuição uniforme da espuma 3 em toda a teia de fios de urdidura (a distância entre os rolos de compressão é de 3-5 mm). O segundo dispositivo de compressão 4 pressiona a espuma para dentro dos fios com força, o que leva à destruição da espuma e à sua penetração nas camadas superficiais dos fios de teia.

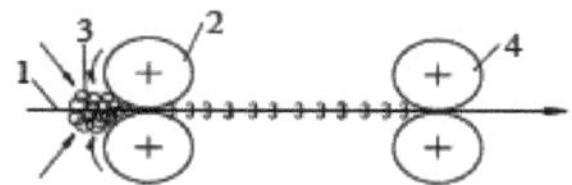

Fig. 25: Plussing horizontal.

Na charrua vertical (Fig. 26), a espuma é aplicada em ambos os lados e espremida nos rolos da charrua. Durante a compressão, a espuma desintegra-se, a viscosidade diminui, o que melhora a distribuição e a penetração da argamassa no substrato.

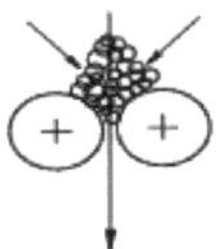

Fig.26.Plussing vertical.

O adesivo é controlado pela concentração da pasta, pelo enchimento da solução com ar e pelo volume de espuma.

A velocidade de lixagem tem uma grande influência na cola. Uma vez que a lixadeira funciona lentamente e as paragens são frequentes, deve prestar-se atenção à aplicação uniforme da lixadeira nos fios da teia, sendo aconselhável utilizar um tedder horizontal para este efeito.

As desvantagens da espumação em espuma são a dificuldade de assegurar a estabilidade da espuma antes da fiação e a destruição (desagregação) da espuma no final da fiação, bem como a obtenção de uma viscosidade dependente do tipo de fio e da densidade da teia.

A Karl Mayer também utiliza um banho de lixagem especial para a lixagem, que permite dispensar a molhagem clássica através da colocação da solução de lixagem prévia e principal e, em vez disso, utilizar um sistema económico de aplicação por pulverização. A combinação da pulverização e dos rolos de compressão subsequentes durante o processo de lixagem cria três zonas de aplicação altamente turbulentas com fluxo intensivo, nas quais se forma uma película homogénea de substância num grupo de filamentos sob a forma de uma rede, reduzindo o consumo de líquido de pulverização. A conceção compacta dos rolos principais de condução do material permite processar a teia numa gama significativamente mais ampla de densidades lineares do fio de teia. Em cada caso, os fios são guiados sem cruzamento e sem torção. Para efeitos de acabamento, podem ser utilizadas pastas de alta concentração e viscosidade, bem como pastas e espumas.

A lixagem húmida em meio solvente elimina a distribuição irregular da areia devido à baixa tensão superficial do solvente e à sua capacidade de molhar totalmente as fibras.

São utilizados como solventes o cloreto de metileno, o tricloroetileno e o percloroetileno. Os solventes utilizados devem ter as seguintes propriedades

- não deve ser tóxico ou inflamável;
- o custo deve ser razoável;
- não deve ser volátil (evapora-se rapidamente);
- possibilidade de baixos custos de regeneração (reutilização);
- não deve provocar a corrosão dos componentes da máquina.

A pasta é aplicada a frio nos fios de teia num banho de lixagem. Após a fiação,

os fios passam por uma zona de secagem onde barras de preço rotativas separam a teia em grupos de menor densidade, uma corrente de vapor quente trata os fios e a maior parte do solvente é removida da superfície do fio.
A urdidura é então transferida para os tambores de secagem e o solvente é finalmente removido dos fios. O solvente evaporado é regenerado e vai para o coletor de solventes. Após a secagem final, a teia é transferida para a área de divisão e enrolada na teia de tecelagem.
O fio é liso e não tem extremidades de fibras salientes devido à separação eficaz dos fios de teia no estado húmido e seco nas zonas de secagem e de divisão.
Os materiais de lixagem utilizados devem ser facilmente solúveis em solventes e em água, e facilmente removidos dos tecidos quando se procede ao desarenamento com um meio aquoso.
A lixagem húmida em meio solvente tem as seguintes vantagens:
- reduz a energia necessária para a secagem da base em até 90%;
- compacidade e menor necessidade de espaço para as máquinas de lixar;
- simplifica a secagem e a separação dos fios de teia;
- melhora a capacidade de processamento do fio na tecelagem;
- recuperação completa do solvente, evita a contaminação das águas residuais durante a escovagem do tecido;
- a reutilização até 80 % da lama (após regeneração) reduz os custos dos materiais de lixagem.

A ligeira perda de resistência do fio ao molhar o fio com solvente pode ser atribuída às desvantagens da lixagem com solvente.
A lixagem a seco (lixagem por fusão) é efectuada através da aplicação de areia ativa fundida nos fios de teia durante o processo de tecelagem a uma velocidade de 500-600 m/min.
O rolo aplicador para aplicar a massa fundida está posicionado entre a cesta e o dispositivo de enrolamento (tambor ou rolo giratório).
$^{0-1}$O rolo aplicador é aquecido a 200 C e rodado na direção do movimento do fio a uma frequência de 10 min. À medida que cada filamento passa pelas suas calhas a alta velocidade, a pasta fundida é aplicada aos filamentos com alisamento simultâneo das pontas das fibras salientes. Após a saída do rolo, os fios de teia são expostos ao ar arrefecido e a pasta endurece, reforçando as fibras.
O valor da aderência é influenciado pela velocidade de rotação do rolo aplicador e pela sua temperatura, pelo tempo de contacto do fio com o rolo aplicador, pela velocidade do fio e pela alimentação do material de lixagem ao rolo aplicador. Ajustando qualquer um dos parâmetros, obtém-se o modo ótimo de fiação de diferentes fios.

A elevada temperatura do rolo aplicador não tem qualquer efeito sobre as propriedades do fio, uma vez que o fio está em contacto com o rolo durante uma fração de segundo.
Por exemplo, a uma velocidade de corte de 550 m/min e um arco de contacto de 0,076 m, o tempo de contacto do fio com o rolo é de 0,008 s. O fio é aquecido pelo contacto com a espuma fundida e depois arrefece rapidamente.
Vantagens deste método:

- reduz o fiapo do fio, aumenta a capacidade de processamento dos fios de teia na tecelagem;
- elevada velocidade de lixagem;
- 80% de poupança de energia ao eliminar a secagem;
- simplificação da preparação da pasta;
- combinando a tecnologia com os processos de enrolamento de fio existentes;
- Os tecidos são tingidos de acordo com a tecnologia conhecida, sem a utilização de solventes.

A lixagem a seco aumenta a resistência à abrasão do fio, mas não aumenta a resistência do fio.
As desvantagens incluem - encontrar novos materiais para a pasta e desenvolver novos meios de aplicação da fusão para aumentar a resistência dos fios.

3.3.Enrolar os fios principais

Os fios de teia são enrolados nas seguintes variantes: a partir da bobina, dos rolos de fiação, do enchimento ou do tambor de fiação. A escolha depende do tempo de mudança da forja de alimentação.
A disposição dos rolos giratórios nos suportes das máquinas de lixar pode ser sequencial ou paralela de um andar, sequencial ou paralela de dois andares.
O bastidor sequencial de um nível é utilizado para a fiação de fio alto e médio em dois banhos.
A cremalheira paralela de um só nível permite uma alimentação de urdidura separada de cada rolo de fiação e é utilizada para o processamento de fios com baixo título de fio.
Os cavaletes paralelos de dois níveis asseguram um percurso retilíneo da teia a partir de cada rolo e são utilizados para a lixagem de monofilamentos.
As prateleiras consecutivas de dois níveis permitem um acesso fácil aos rolos alargadores, que são montados verticalmente em três filas, de modo a que entre dois quadros adjacentes exista uma passagem onde é conveniente para o trabalhador controlar as roscas que saem dos rolos e corrigir os defeitos.
A desvantagem das prateleiras de dois andares é a dificuldade de encher os rolos de escareador.
O tempo necessário para encher novos rolos de enchimento é responsável por

80% do tempo total de inatividade de uma máquina de fiação.
A redução do tempo de paragem é possível através da substituição automática dos racks usados por racks sobresselentes pré-cheios com rolos giratórios.
A substituição efectua-se deslocando lateralmente as cremalheiras ao longo dos carris ou estendendo as palhetas por detrás das cremalheiras.
Um suporte típico pode acomodar 16 re-shafts de 100 cm de diâmetro de flange com uma massa de 800 kg, o que corresponde a uma massa rotativa total de 13 toneladas. É necessário um binário de travagem de 17 Nm para parar o rolo de enchimento a uma velocidade de lixagem de 100 m/min.
Para a travagem do rolo de rebobinagem, é utilizado um travão de corda ou de correia, em que a força de travagem é transmitida ao rolo por uma corda ou correia carregada; um suporte de polietileno, que transmite a força de travagem ao pescoço do rolo de rebobinagem proporcionalmente ao peso do enrolamento sobre o rolo.
Enrolamento dos fios a partir dos rolos de fiação na condição seguinte, quando o binário de enrolamento é superior ao binário de travagem (Fig. 27).

$$M_{CM} \geq M_T \text{ ou } FR \geq (F_1 - F_2)\, r$$

$_2$em queT - tensão de urdidura; R - raio de urdidura; F_1 e F - tensão dos ramos descendente e ascendente da correia; r - raio de travagem.
De acordo com a fórmula de Euler

$$F_1 = F_2\,(\exp f\alpha)$$

em que: f - coeficiente de atrito do cabo (correia) no disco do travão; a - ângulo de circunferência do disco do travão pelo cabo (correia).

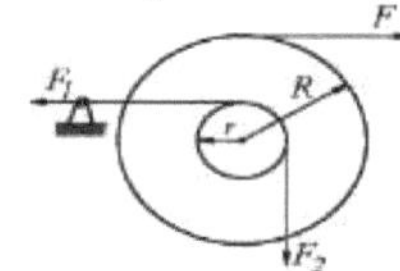

Fig.27. Travão de banda.

Daí resulta que: $F = \dfrac{F_2 \cdot r \cdot (e^{f\alpha} - 1)}{R}$

Como se pode ver, a tensão da teia aumenta quando o enrolamento é efectuado fora dos rolos, devido à redução do raio de enrolamento. Por conseguinte, é necessário ajustar manualmente a tensão do cabo (fita), ou seja, reduzi-la.
$_{22}$Se a relação F / R for constante F / R = const durante todo o período de funcionamento do enrolamento, a tensão da teia será estável.
Isto é possível ligando a variação do raio de enrolamento à tensão da fita, utilizando meios de correção da tensão da teia. A travagem do rolo giratório pelo atrito de suporte (Fig. 28) terá a seguinte forma

$$F_{тр} = N \cdot f$$

em que: N-pressão normal do rolo no suporte; f-coeficiente de atrito do moente do veio contra o suporte.

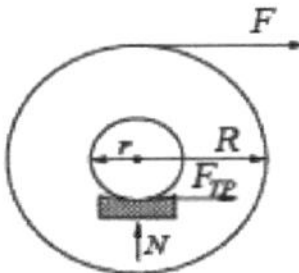

Figura 28: Travão de fricção de apoio.

Por outro lado, a pressão normal depende da massa do rolo de enrolamento

$$N = m - g$$

em que: g - aceleração da queda livre; m - massa do rolo giratório.
Vamos substituir a expressão na anterior e temos

$$F_{mp} = m \cdot g \cdot f$$

Equação de equilíbrio do sistema de acordo com o princípio de Dalembert

$$FR = F_{mp} \cdot r$$

Daí que

$$F = \frac{F_{mp} \cdot r}{R}$$

Após as substituições, temos

$$F = \frac{m \cdot g \cdot f \cdot r}{R}$$

Como se pode ver, com a diminuição do raio de enrolamento no rolo, a massa do rolo de rebobinagem diminui sincronizadamente, ou seja, o valor da relação m/R é constante, pelo que a tensão de urdidura durante todo o período de funcionamento do rolo de rebobinagem é constante.
A tensão total de enchimento dos fios de urdidura pode ser variada, selecionando o diâmetro necessário (r) do disco do travão e a seleção correspondente das superfícies de fricção (alterando o coeficiente de atrito f).
Durante o período de aceleração do rolo de fiar (Fig. 29), são aplicadas diferentes cargas nos fios de teia.

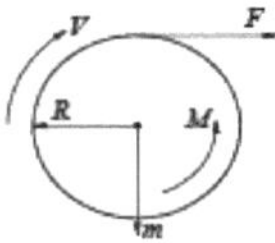

Figura 29: Cargas nos filamentos durante a aceleração do rolamento.
De acordo com as leis da dinâmica, o momento é igual a

$$M = \frac{I \cdot \omega}{t}$$

em que: I-momento de inércia do rolo; ω-velocidade angular do rolo; t-tempo de aceleração do rolo.

Uma vez que ω= V / R

$$^{2}I = (m\text{-}R\ ) / 2$$

em que: V é a velocidade de enrolamento do fio; m é a massa do rolo de agulhas; R é o raio de enrolamento do rolo de agulhas.

Substituindo a expressão obtida na anterior, temos

$$M = \frac{m \cdot R \cdot V}{2t}$$

De acordo com o equilíbrio de momentos

$$M = \frac{m \cdot R \cdot V}{2t} = F \cdot R$$

Assim, a tensão dos fios é

$$F = \frac{m \cdot V}{2t}$$

Uma análise da fórmula mostra que as velocidades elevadas e a massa elevada dos rolos de fiação resultam em forças de aceleração elevadas, e o tempo de aceleração deve ser longo para manter a tensão do fio dentro dos limites especificados. O tempo de aceleração do rolo até à velocidade máxima de funcionamento da máquina é ajustado em função da sensibilidade dos fios à deformação (estiramento).

Para reduzir o estiramento e assegurar a consistência da tensão da teia, utilizar: travões controlados, que ao reduzir a velocidade ou ao parar a máquina produzem adicionalmente uma travagem dos rolos, o que elimina o seu movimento inercial; travões ajustáveis, que com o aumento da tensão da teia reduzem a travagem dos rolos giratórios.

3.4.Equipamento de costura e secagem

As máquinas de lixar modernas permitem muitas variações na passagem dos fios na unidade de lixar para obter uma absorção óptima da areia pelos fios da teia. A urdidura pode passar por um ou dois banhos de impregnação e ter um ou mais rolos de imersão e compressão.

Os dispositivos de lixagem caracterizam-se por: aquecimento direto ou indireto da areia e sua regulação para manter a temperatura definida da areia para evitar desvios na viscosidade da areia; regulação do nível da areia; isolamento completo do banho de impregnação para reduzir as perdas de calor, a formação de vapor acima do banho e para eliminar a formação de películas na areia; circulação contínua da areia; pressão regulável dos rolos de compressão de 0 a 100 kN com controlo automático em funcionamento silencioso; fabrico de peças

em aço inoxidável em contacto com a areia.
aplicar a pasta no substrato e ajustar a quantidade de adesivo.
A absorção da lama de suporte depende do tempo de permanência dos filamentos no banho de lixagem, determinado pela posição em altura e largura do banho dos rolos de imersão.
Os rolos de compressão pressionam a lama nos fios da teia, espremem o excesso de lama da teia e garantem uma humidade mínima da teia.
A pressão do rolo de prensagem incorretamente selecionada na máquina a velocidades baixas e de trabalho, as larguras irregulares do rolo de prensagem resultam numa colagem excessiva ou insuficiente do comprimento e da largura da teia, o que é especialmente notório no processamento de fios com baixo título de fio e fios com um título de fio elevado.
A força de compressão específica é determinada pela fórmula

$$P = \frac{F}{l \cdot H}$$

onde: F - força de compressão; N - largura da teia nos rolos de compressão; l - comprimento da secção de teia presa, dependendo da elasticidade da cobertura do rolo.
Como se pode ver na fórmula para uma carga constante no veio, a magnitude da força de compressão específica aumenta à medida que o comprimento da secção de urdidura fixada diminui.
Os rolos de pressão flexíveis e igualmente pressionados, devido à flexão dos rolos, contribuem para uma pressão de urdidura mais baixa nos bordos da teia do que no centro. Neste contexto, a teia tem um grau de polimento mais elevado nos bordos do que no centro, o que deverá ter um efeito favorável nas propriedades de processamento do fio durante a tecelagem.
É aconselhável dividir os fios de teia em grupos após o processo de esfiapagem, antes de entrar na secção de secagem da máquina. Isto evita que os fios de teia se colem uns aos outros e é possível com: a utilização de vários banhos de lixagem (especialmente no caso de um grande número de fios) com secagem na zona de pré-secagem 1 e 2 dos fios de teia 3 e a junção de todos os fios na zona de secagem final 4 (Fig. 30); a separação húmida dos fios de teia 1 com a ajuda de barras de separação de fios polidos 2, de rotação lenta e acionada, entre os rolos de espremer 3 e os tambores de secagem 4 (Fig. 31).

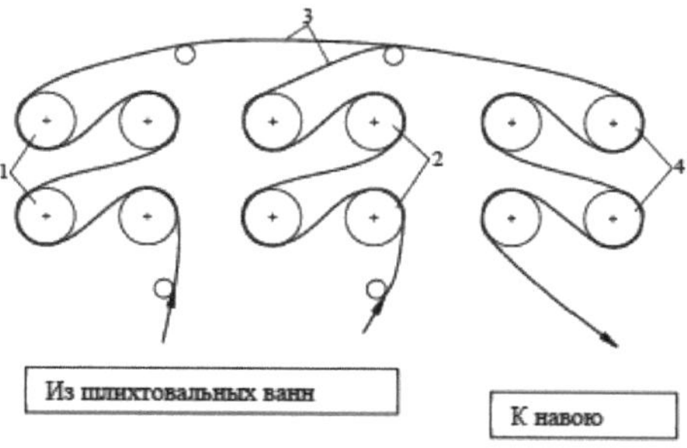

Dos banhos de lixagem Para o navoi
Fig. 31: Separador de roscas.

A secagem dos fios polidos é efectuada por contacto, convecção e radiação. No contacto dos fios 1 com a superfície quente do tambor 2 (Fig. 32), o processo de secagem ocorre de um lado, o vapor escapa através da superfície livre dos fios e o líquido com partículas de lama move-se para o lado oposto da superfície de contacto. A passagem dos fios por vários tambores altera os pontos de contacto e provoca a deformação do diâmetro do fio.

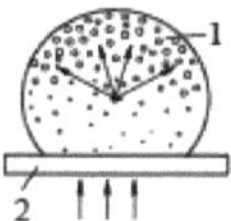

Figura 32. Secagem por contacto.

Na secagem por convecção (Fig. 33), a superfície do fio é seca em primeiro lugar. As partículas de líquido e de lama deslocam-se para a periferia do fio, resultando na formação de uma película de lama uniformemente distribuída na superfície do fio. Com a continuação da secagem, o movimento da humidade para a periferia torna-se mais difícil e o movimento dos fios no estado húmido com o movimento livre da teia provoca grandes deformações.

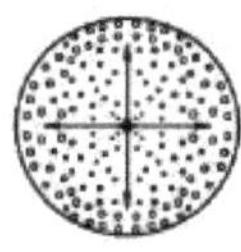

Figura 33. Secagem por convecção.

Na secagem por feixe de radiação (Figura 34), o líquido move-se para a periferia e as partículas de lama para o centro do filamento.

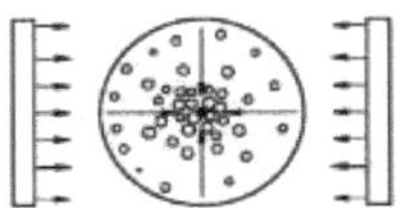

Figura 34: Secagem por radiação.

Por conseguinte, é de esperar (especialmente para fios com alta densidade de linhas) que o centro do fio seja sobre-seco e a periferia do fio seja sub-seco (não atinge o teor de humidade ideal). Devido aos elevados custos energéticos, a secagem por radiação é utilizada em combinação com outros métodos de secagem.

Consideremos o processo de secagem de um material higroscópico apresentado na Fig. 35. No primeiro troço 1 da curva, até ao ponto A, há evaporação de líquido dos microcapilares da superfície da rosca; do interior da rosca, o líquido é continuamente fornecido sob a ação de forças capilares. $_A$A velocidade de secagem V é constante.

v

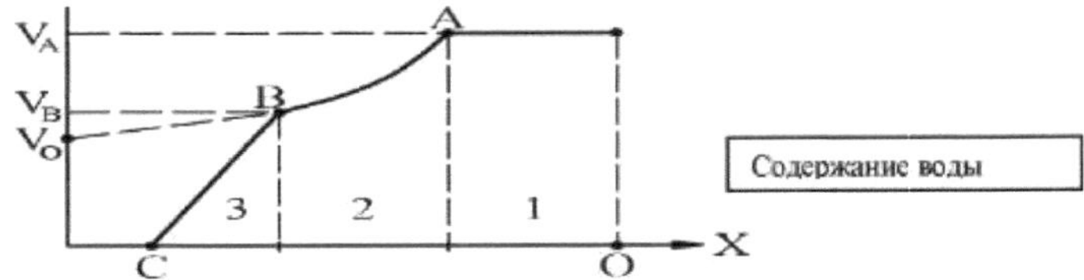

Figura 35. Processo de secagem de material higroscópico.

$_{AB}$Na secção 2 entre os pontos A e B, a taxa de secagem V tende para a taxa de secagem final aparente V . Quando o teor de humidade dos filamentos diminui, ocorre a formação de vapor nos microcapilares, pelo que se verifica uma diminuição da pressão de vapor.

À medida que a secagem prossegue, a pressão diferencial de vapor diminui continuamente e a velocidade de secagem v_B no ponto B desce linearmente até zero. No ponto C, o teor de humidade de equilíbrio dos fios é atingido. Nos pontos B e C, a humidade adsorvida (absorvida) evapora-se.

Não é aconselhável continuar a secar o filamento pelas seguintes razões

- os fios escovados com humidade de equilíbrio têm melhores propriedades físicas e mecânicas (as propriedades deterioram-se com a secagem excessiva);
- O filamento seco em excesso tende a obter humidade natural (de equilíbrio) do ambiente, pelo que o consumo de energia para secar em excesso os filamentos não é economicamente favorável.

Os fios devem ser alimentados da lixadeira para o secador com um teor de humidade baixo, de modo a que a diferença entre o teor de humidade inicial e o teor de humidade final do fio seja pequena.

A percentagem de humidade de equilíbrio dos materiais fibrosos nas condições de temperatura e humidade da loja de φ =65% e {=20OC é mostrada abaixo.

Fio de acetato-6 .0

Seda de cobre e amoníaco-12 ,5

Seda natural-9 ,5

Fibra de algodão - 8,0

Fibra de linho 8 ,5

Fibra de poliacrilonitrilo 1.0

Fibra de poliamida-4 ,0

Fibra de poliéster-0 ,5

Poliuretano-1 ,5

Fibra de viscose 13,5

Fibra de lã-14 ,5

As máquinas de lixar com tambor, as mais produtivas e racionais no enchimento de urdidura, com 16 tambores de secagem evaporam a humidade dos fios de urdidura até 1000 kg/h.

OOA conceção da superfície do tambor com material anti-aderente e o aquecimento faseado do tambor com temperaturas de 80 a 120 melhoram as condições de secagem e aumentam o alcance da máquina.

O consumo específico de vapor é de 1,4-1,6 kg por 1 kg de humidade evaporada.

Devido à reutilização do calor e ao isolamento térmico dos compartimentos da secção de secagem, o consumo específico de vapor pode ser reduzido para 1,1 kg.

oO teor de humidade no ar removido depende da temperatura dos tambores de secagem, em t=120 o tambor é de 70 gr/kg, e em t=140O - é de 100 gr/kg, e como sabemos a temperatura de secagem depende do custo da lixagem.

OO limite de temperatura para arrefecer o substrato nos primeiros tambores de secagem é superior a 80 . OOCom o sopro de ar forçado com ar seco pré-aquecido até 80, este limite pode ser reduzido para 60, uma vez que a redução da temperatura nesta zona depende da intensidade da troca de ar.

O sistema de sopro de ar de superfície do tambor tem as seguintes vantagens:

- utilização óptima do calor residual no permutador de calor;
- Redução de 20-30 % do limite de temperatura do substrato lixado;
- utilizando uma ventoinha de baixo consumo para soprar;
-constância das condições climáticas na oficina, devido à utilização de caixas com isolamento térmico para a parte de secagem da máquina de lixar.

As máquinas com uma disposição de tambor horizontal permitem a utilização de máquinas de lixar com um grande número de banhos de lixagem e tambores.

Nos secadores por convecção, apenas é utilizada água quente aquecida por vapor ou eletricidade para a secagem do fio e é utilizada uma ventoinha potente para a circulação. A capacidade de evaporação da máquina é de até 300 kg/hora.

°Os secadores por radiação têm aquecedores com temperaturas de radiação de 200 e superiores. Têm a eficiência mais baixa devido aos elevados custos energéticos da produção.

3.5.Dispositivos de fixação de preços e de enrolamento.

A teia lixada e seca é introduzida no dispositivo de preço, onde os fios colados são separados uns dos outros (separação a seco) por meio de barras de separação. A separação a seco pode causar danos na superfície dos fios, devido às forças F que surgem durante a separação dos fios em frente das barras, devido aos fios colados, e à distância *l* às barras B, quanto mais pequena, maior é esta força e vice-versa (Fig. 36).

Figura 36. Dispositivo de fixação de preços.

A separação de filamentos a seco caracteriza-se por:

- Os fios demasiado secos requerem mais esforço para serem separados do que os fios com um teor de humidade normal;
- Os vícios de lixagem podem ser determinados observando onde os fios se separam;
- o número de barras de separação é igual ao número de rolos de emenda menos um, uma vez que a primeira barra divide os fios em filas pares e ímpares e as outras barras dividem os fios provenientes de cada rolo;
- os grandes ângulos de separação da teia na barra provocam forças elevadas durante a separação do fio.

Existe uma estreita relação entre as forças de separação do fio de teia e as propriedades físicas e mecânicas do fio, sendo que a diminuição das forças de separação do fio melhora as propriedades do fio e vice-versa.

Os danos nos fios durante a separação podem ser eliminados por lixagem com pré-secagem e separação húmida antes da secagem final da teia .

medição da tensão de urdidura para fios de densidade linear 11,8 tex e outros parâmetros com e sem pré-secagem da urdidura no processo de separação da urdidura (Fig. 36).

Tabela 9.

Resultados da medição da tensão da teia.

№	Parâmetros	Unidade de medida	Sem pré-secagem da urdidura no processo de	Com pré-secagem da urdidura durante o processo

			separação do fio	de separação do fio
1	Tensão dos ramos do filamento até à barra, F	sH	44,6	40,6
2	Ângulo de separação dos filamentos, a	grad.	52	11
3	Ângulo de perímetro das roscas das barras, β	grad.	39	20
4	Força de separação total, Fo	H	320	50

oA análise do quadro 9 mostra que a pré-secagem da teia reduz o ângulo de separação do fio a, o que provoca uma diminuição do ângulo de perímetro do fio ß e da tensão do ramo que sai da barra F, resultando numa diminuição da força total *F* da separação do fio de teia.

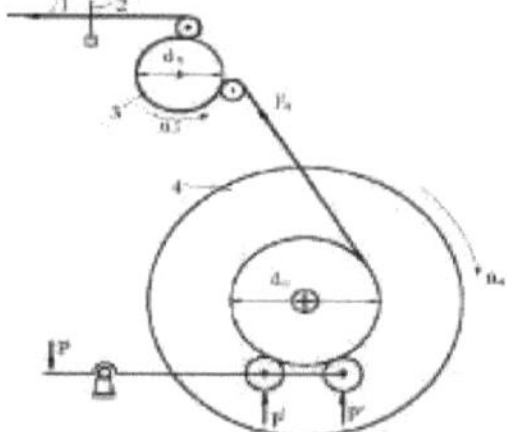

Fig.37. Dispositivo de enrolamento.

Depois de passarem pelo dispositivo de preço, os fios de teia 1 passam através da fila deslizante de largura ajustável 2, à volta do rolo de saída 3 e são enrolados na teia de tecelagem 4 (Fig. 37), por meio de um dispositivo de enrolamento.

4Para que se obtenha a mesma tensão na zona do rolo de saída e da cabeça de tecelagem, é necessário que a velocidade do fio que sai do rolo 3 (v_3) seja igual à velocidade de enrolamento do fio na cabeça (v_4), ou seja, V3=V , e como V πιΐπ, obtemos:

334π- d 3- n = π-ά4- n4; uma vez que n / n4 = d / d_3

Ao aumentar o diâmetro de enrolamento d4 na urdidura, a velocidade da urdidura de tecelagem tem de ser reduzida, caso contrário a tensão da urdidura nesta área diminui e, eventualmente, a urdidura parte-se.

Existem vários sistemas para acionar a bobinadeira ou para controlar e regular a tensão dos fios durante o enrolamento - transmissão, hidráulico e multi-motor.

O sistema de transmissão é amplamente utilizado devido à sua fiabilidade e facilidade de manutenção, baixo custo e elevada potência de acionamento. O sistema é constituído por uma transmissão com um motor principal que assegura todos os movimentos dos órgãos da lixadeira e por uma embraiagem com qualquer carga (pneumática, electromagnética, etc.) que limita a ação do mecanismo diferencial planetário para regular o binário de entrada. O controlo automático da velocidade e do binário da corrediça de tecelagem é efectuado durante todo o percurso do enrolamento na corrediça.

Os sistemas hidráulicos utilizam fluido pressurizado para fornecer potência constante (alta velocidade com binário baixo e baixa velocidade com binário alto) à polpa de tecelagem. A conceção complexa dificulta a deteção de falhas, mas a ligação simples (não mecânica) dos componentes ao veio de acionamento da polpa garante um funcionamento fiável do acionamento.

Num sistema multimotor, todas as peças de trabalho são acionadas por ação CC e a urdidura é acionada por um motor CC separado, o que garante que a tensão da urdidura se mantém constante à medida que o diâmetro da urdidura aumenta na urdidura. O sistema dispõe de uma vasta gama de potências e de modos de enrolamento da urdidura na cabeça de urdidura. O dispositivo de enrolamento pode ser utilizado para enrolar uma única urdidura, duas urdiduras lado a lado ou sobrepostas, um sistema de rotação inversa da urdidura que permite que a urdidura seja enrolada nas urdiduras esquerda e direita, e um sistema de selagem da urdidura que sela a urdidura na urdidura.

3.6.Controlo e regulação dos parâmetros de lixagem.

O controlo e a regulação dos parâmetros de lixagem garantem a produção de bases lixadas de alta qualidade.

Os principais parâmetros incluem a velocidade de lixagem, a pressão do rolo do rodo, a tensão da teia por zona, as condições de temperatura da lixagem e da secagem, a humidade da teia, a cola, a concentração da lixagem e a elaboração.

Através de um microprocessador, estes parâmetros podem ser registados e controlados com precisão.

A utilização de sistemas de controlo automático do processo de lixagem liberta os operadores de um certo número de medições de parâmetros normalizados e permite-lhes ajustar o carregamento dos sistemas de travagem dos rolos de rebobinamento, para garantir a tensão especificada dos fios; o nível da lama na calha de cola; a temperatura da lama na calha; a pressão dos rolos de espremedura; a velocidade do processo de fiação; a imersão dos fios na lama; a temperatura e a velocidade dos tambores de secagem; a tensão dos fios na urdidura; o teor de humidade da urdidura; a densidade do enrolamento na urdidura; a alteração do comprimento do enrolamento na urdidura.

Além disso, o sistema de controlo efectua as seguintes operações - calcula o peso do fio no rolo de fiação, determina o tempo previsto para o fim do desenrolamento do fio, mantém um registo de todo o percurso da urdidura, acumula dados sobre as condições de fiação de cada metro de urdidura (velocidade, tensão, temperatura, etc.), os desvios em relação aos valores definidos são impressos e anexados a cada percurso da urdidura.

O computador recebe então dados sobre a eficiência e a qualidade de processamento de cada metro de teia no tear. Ao comunicar os pontos defeituosos em cada teia, o sistema assegura a eficiência dos teares.

A máquina de lixar está equipada com dispositivos de medição e reguladores para garantir uma elevada qualidade dos substratos lixados.

O princípio de funcionamento do dispositivo eletrónico de estiragem de urdidura baseia-se no seguinte: por unidade de comprimento de urdidura (1 metro), é produzido um determinado número de impulsos. O alongamento ou a retração dos fios a exprime-se pela diferença entre o número de impulsos na urdidura gn e no banho de areia gv, dividido pelo número de impulsos no banho de areia gv e multiplicado por 100%, ou seja

$$a = \frac{r_н - r_в}{r_в} \cdot 100\%$$

O ciclo de medição depende da velocidade da máquina, ou seja, quanto mais rápido a máquina funciona, mais frequentemente os valores do parâmetro medido são registados.

A velocidade da máquina é registada digitalmente através de um sensor na nava.

Ligando o medidor de estiragem ao computador de trabalho, é possível obter uma estiragem de linha especificada nas diferentes zonas da lixadeira. A Tabela 10 mostra a tensão recomendada para as diferentes zonas da lixadeira.

Tabela 10.

Tensão recomendada por zona da máquina de lixar.

№	Zonas de máquinas de lixar	Tensão recomendada, % da carga de rutura do fio	Tensão do fio simples 25 tex, sN
1	Cremalheira - primeiro veio de tração	1-2	7
2	Primeiro rolo de estiragem - rolos de espremer	1-2	7
3	Tambor - segundo veio de tração	2-3	10
4	Campo de preço	6-8	28
5	Eixo de escape - marinha	10-12	42

No dispositivo eletromecânico de estiramento da teia, a tensão real é detectada por um pêndulo com mola ligado a um potenciómetro, que regula o estado do mecanismo de compensação por meio de um servomotor até que a tensão real

estabilize com a tensão de teia definida.
Ajustando a velocidade da máquina em função do teor de humidade residual dos fios moídos, a temperatura na superfície dos tambores de secagem mantém-se constante, pelo que o tempo de passagem dos fios pelos tambores de secagem e, por conseguinte, a velocidade dos fios, determina o grau de secagem. Um sensor na saída dos tambores de secagem regista o valor real da humidade da teia, que é comparado com o valor definido da humidade da teia no dispositivo eletrónico de humidade. Se o valor real da humidade da teia se desviar do valor ajustado, são gerados impulsos do dispositivo eletrónico de humidade da teia para alterar a velocidade de lixagem. A velocidade é estabilizada quando os valores de humidade da teia reais e ajustados são iguais.
O controlo exato da temperatura dos tambores de secagem é assegurado por um dispositivo eletrónico que fornece corrente a um conversor que transforma este sinal eletrónico num sinal pneumático, controlando este último a válvula do regulador de pressão de vapor.
Para controlar e regular os parâmetros no banho de cola, são utilizados dispositivos electrónicos para controlar a pressão dos rolos de compressão, a temperatura da pasta e o nível da pasta no banho.
Os reguladores electrónicos alteram a força de pressão nos rolos de compressão em função da velocidade de lixagem, o que permite obter o mesmo grau de lixagem das roscas tanto em funcionamento silencioso como em funcionamento da máquina.
O dispositivo eletrónico de nível de lama mantém automaticamente um fornecimento contínuo de lama no banho de cola e evita que a lama engrosse na linha de lama. A alimentação contínua da lama é efectuada através de uma linha de lama em que o volume da lama que passa é inferior ao volume da lama consumida. Os sensores de nível de lama podem reagir a diferenças no nível de lama ou a diferenças de temperatura entre o ambiente e o meio de lama.
O teor de humidade dos fios de teia pode ser medido diretamente por: capacitância do condensador entre as placas em que a teia se move; resistência eléctrica do fio. Os fios húmidos têm uma resistência eléctrica mais baixa e os fios secos têm uma resistência eléctrica mais elevada. Os impulsos recebidos são enviados para o dispositivo eletrónico, que dá sinais aos motores de controlo da velocidade para aumentar a velocidade de lixagem quando a humidade da teia diminui ou para diminuir a velocidade de lixagem quando a humidade da teia aumenta.
Os dispositivos electrónicos acima descritos realizam um controlo estreito, ou seja, um controlador separado para cada circuito de controlo (nível, temperatura, humidade, etc.).

Durante o processo de trituração, é possível utilizar interruptores, teclados ou suportes de dados (cartões magnéticos ou fitas) nos quais é introduzida uma definição centralizada dos parâmetros.
Ao combinar todas as funções de controlo e monitorização num único dispositivo, obtém-se um dispositivo informático (microprocessador), concebido especificamente para controlar um determinado processo tecnológico. Além disso, o desenvolvimento de conversores analógico-digitais (ADC) com interruptores adequados, circuitos de entrada e saída ligados opticamente e sensores (temperatura, humidade, etc.), controlando as condições do processo e ligando o microprocessador (ADC) a um processo tecnológico específico, resolve em grande parte o problema da automatização do processo de polimento.
No processo de polimento, as propriedades do fio são alteradas: o peso do fio aumenta devido à colagem e, por conseguinte, a densidade linear do fio aumenta; a resistência do fio aumenta significativamente devido à colagem das fibras individuais; o alongamento do fio diminui, uma vez que as fibras coladas não deslizam umas em relação às outras; a durabilidade do fio aumenta devido à película protetora do polimento.
A resistência do fio aumenta em 20-25% após a lixagem, a resistência à abrasão aumenta 5-10 vezes, o alongamento diminui em 20-30%.

3.7.Equipamento de lixagem especializado.

As máquinas de lixar especiais preparam os fundos tingidos para produzir tecidos de ganga de baixa manutenção e tecidos de vestuário do tipo jeans.
Existem - lixagem tingida com índigo, lixagem tingida e lixagem com resina.
Corte com tingimento de índigo. O método tradicional de preparação da teia tingida com índigo é o seguinte: atadura dos fios (agrupamento) num novelo; tingimento dos feixes obtidos a partir dos novelos; lavagem e secagem dos feixes; atadura dos feixes por lotes; lixagem em máquinas de tambor.
Como se pode verificar, o processo de tingimento de produtos de base é muito intensivo em termos de mão de obra e de capital, exigindo pessoal qualificado.
As máquinas de tingimento de base índigo são fabricadas por Zukker e West Point. Incluem: uma grelha para os rolos de recobrimento, uma ou duas barras de imersão ou de pré-tingimento e de lavagem; quatro ou cinco barras de tingimento, incluindo o arrefecimento do ar por cima delas; uma ou duas barras de lavagem para a lavagem dos corantes e dos produtos químicos soltos; um tambor de secagem para a pré-secagem; um compensador para retomar a urdidura quando a máquina pára; uma máquina de lixar com um ou dois banhos.
A escolha da construção da máquina de lixar é determinada pelos parâmetros tecnológicos do enchimento. São utilizados dois banhos de lixagem e treze tambores de secagem para a preparação da teia para o denim denso. O processo

exige uma qualidade muito elevada da preparação da urdidura. Os rolos de re-lixagem não devem ter fios partidos, o que pode levar à formação de pinças em eixos de seis metros de altura.

O custo das máquinas de lixar é elevado, pelo que a preparação dos rolos de fiação para tingimento com índigo de alta qualidade representa um avanço significativo em comparação com o antigo sistema de tingimento com índigo.

Descamação com tingimento. O aumento da produção de ganga e de tecidos de ganga com escassez de índigo estimulou o desenvolvimento do tingimento no processo de lixagem. Além disso, o tingimento com lixagem é muito mais rápido do que o tingimento com índigo.

Inicialmente, foi utilizada uma máquina de tingimento com um único banho de cola, no qual a solução de tingimento era primeiro introduzida. A teia tecida resultante era depois rebobinada e os produtos químicos necessários para a gravação e lixagem eram vertidos no banho de cola. O elevado tempo de paragem da máquina e a contaminação do banho de cola resultavam numa redução da produtividade da máquina.

A instalação de um segundo banho de cola e de uma unidade de pré-secagem entre os banhos permitiu que o mordente e a areia fossem alimentados simultaneamente e que a base fosse totalmente pintada e lixada.

No caso de tecidos muito densos, como a ganga, é possível tingir separadamente, em partes, em dois banhos, seguidos de uma pré-secagem dos tecidos tingidos e, no terceiro banho, o tecido foi tratado com mordente e polimento e, em seguida, todo o tecido tingido e polido foi seco.

A produção de ganga às riscas com duas cores e fios tingidos foi efectuada utilizando quatro banhos. O primeiro e o segundo banhos são alimentados com solução de tingimento, o terceiro com mordente e schlichta, e depois a teia bicolor tingida e escovada vai para os tambores de secagem, uma parte da teia seca vai para o quarto banho, é escovada, pré-seca e vai para a parte de secagem geral da máquina.

As máquinas de costura com 24 tambores de secagem e banhos de colagem estão equipadas com compensadores para evitar riscas no substrato durante paragens curtas da máquina. O compensador consiste numa série de rolos móveis e fixos montados que selecionam automaticamente o substrato após a secagem quando a máquina está a funcionar silenciosamente.

A Schlichting com tingimento assegura uma elevada uniformidade e intensidade de cor em comparação com o tingimento com índigo!

A composição da solução de corante inclui corante (naftol, enxofre), soda cáustica, álcool metílico ou etílico, alginite, agente molhante, antiespumante, e na solução de gravação e lixagem - amido, soda cáustica, ácido acético.

Corte de resina. Permite a aplicação simultânea de uma resina termoendurecível com um catalisador, um corante e uma bobina sobre o fio no mesmo banho. Os materiais de resina, devido à polimerização, tornam-se parte integrante do tecido. Após a tecelagem, a absorção (absorção) do corante tem lugar durante o tratamento térmico do tecido. O tecido é então saponificado, lavado, seco e tratado adicionalmente com resina (para os fios de trama).

Vantagens: baixa degradação das fibras de celulose; investimento de capital reduzido; utilização de corantes pigmentados baratos; elevada durabilidade da coloração; baixa sublimação (transição do estado sólido para o estado gasoso quando aquecido); consumo mínimo de água; processo simples.

As máquinas de destilação são utilizadas para a destilação de urdiduras não separadas dos rolos de fiação para a urdidura de tecelagem. Em alguns casos, o fio torcido é tratado com parafina durante o processo de destilação. A velocidade de destilação é de até 70 m/min.

As máquinas de destilação-emulsificação são concebidas para emulsionar e enrolar fios torcidos de algodão e de seda, fios de lã e suas misturas com fibras químicas na teia de tecelagem a partir dos rolos de fiação ou da teia de tecelagem. O teor de humidade da teia após a emulsificação é de 15-30% e a velocidade de destilação da teia é de até 80 m/min.

4. PERFURAR E ATAR AS BASES

A última operação de preparação da urdidura para a tecelagem é a recolha ou atadura. A recolha, enquanto fase tecnológica, inclui a inserção dos fios de teia nos olhos lamelares, nas gulas e nos dentes da cana. É efectuada em caso de alteração da gama de tecidos produzidos, o que implica uma alteração do enfiamento da teia no tear, incluindo: o número de fios de teia, o número de canas, o número de resmas e a sequência do enfiamento nas galés. O desgaste das canas, das lamelas, das resmas (quadros de dobby) também provoca a necessidade de enfiamento. Na produção de tecelagem, em média, não se apanha mais de 10-15% do número total de urdiduras. A atadura da teia, que consiste em atar as extremidades dos fios da teia refeita com as extremidades dos fios da teia recém-preparada, é menos trabalhosa e mais difundida do que a atadura. A atadura pode ser efectuada diretamente no tear ou no departamento de recolha. Depois de atar os fios, a nova teia é puxada através das lamelas, da galeva e da cana. A junção dos fios da nova urdidura e da urdidura acabada, torcendo e colando as extremidades dos fios, é designada por emenda e pertence aos métodos de junção sem nós. O piecing é utilizado quando a passabilidade das áreas coladas é maior do que a dos nós. Por exemplo, na tecelagem de tecidos com densidades elevadas de linhas de fios (360 tex e superiores), em remises complexos e em remates jacquard.

A lamela é uma parte do mecanismo de controlo da urdidura destinada a parar automaticamente o tear quando o fio principal se parte. Consoante o princípio de funcionamento do monitor de urdidura, as lamelas são dos seguintes tipos L - forma fechada, utilizada nos mecanismos de ação mecânica; LO - forma aberta, com uma ranhura passante num dos lados e utilizada nos mecanismos de ação mecânica; LE - forma fechada, utilizada nos mecanismos de ação eléctrica; LOE - forma aberta, com uma ranhura passante num dos lados e utilizada nos mecanismos de ação eléctrica. A dimensão das lamelas e o seu peso dependem da densidade linear dos fios de teia. À medida que a densidade linear do fio aumenta, são utilizadas lamelas de maior peso.

Os remizki (quadros de remis) são constituídos pelo bastidor e pelas tramas. As principais dimensões dos bastidores de tecelagem são: a oscilação do bastidor, que deve ser sempre 1,5-2 mm inferior à oscilação das tramas, o que é necessário para que as tramas se misturem com os fios na direção horizontal, a altura e a largura do bastidor. Nos teares, são utilizadas galgas metálicas (de fio remissivo) e galgas lamelares. Consoante a marca do tear e o sortido produzido, são utilizadas galgas com uma altura de 265 a 710 mm e um tamanho de olho de 3,2 a 12,0 mm de comprimento e de 1,5 a 6,0 mm de largura. Cada vez mais utilizadas são as galegas de placa, que são de dois tipos I - para a produção de tecidos de seda e de algodão, II - para a produção de tecidos técnicos. As galeiras lamelares bem polidas permitem reduzir a rutura dos fios principais durante o desprendimento, em comparação com as galeiras feitas de fio remissivo.

A cana destina-se a distribuir uniformemente os fios da teia ao longo da largura do tecido e a regular a densidade do tecido na teia, a levar os fios da trama para a base do tecido e é uma das guias da lançadeira ou do tecelão. O número de palhetas é o número de dentes por decímetro de largura de trabalho da palheta. O número de canas pode ser calculado pela fórmula

$$N_б = \frac{P_0\left(1 - \frac{a_y}{100}\right)}{Z_ф} \quad (\text{зуб/дм})$$

(dente/dm)

$_{оф}$onde: *P* - densidade DO FIO DE URDIDURA; *Au* - rendimento do fio de trama; Z - número de fios penetrados no dente da cana.

A escolha correta do número de canas determina a rutura da teia durante a produção do tecido e a uniformidade dos fios de teia no tecido. A rutura da teia depende em grande medida do preenchimento do espaço entre os dentes. Os nós dos fios de teia devem poder passar livremente por este espaço.

4.1 Seleção das bases

A recolha pode ser efectuada manualmente, em máquinas semi-mecânicas e em máquinas automáticas. Dois trabalhadores, um apanhador e um alimentador, apanham a teia manualmente numa máquina ágil. O alimentador apanha os fios de urdidura que saem da urdidura e dá-os ao gancho, que é enfiado no olho da galeota pelo apanhador. Se forem utilizadas lamelas fechadas, os fios passam primeiro pelos olhos das lamelas e depois pela galeva. Depois de passar um determinado número de fios de teia pelos olhos das lamelas e das galevas, o selecionador puxa-os entre os dentes da cana com um passador.

O passador é uma placa fina, ligeiramente curvada, de forma oval, com duas fendas na parte superior da oval. ^{O}Durante o funcionamento, o passador é rodado 180° e os fios inseridos na sua oval são puxados para os dentes da palheta. Ao mesmo tempo, a outra oval diametralmente localizada passa para o dente de cana adjacente e o passador desloca-se automaticamente um dente ao longo do rolo. O recolhedor e o alimentador recolhem um máximo de 650 a 1200 fios por hora (dependendo do tipo de recolha, do número de canas e da qualificação dos trabalhadores). A máquina de seleção semi-mecânica PS é operada por um operador. A máquina foi concebida para a seleção mecânica dos fios de teia, para a sua recolha mecânica na cana e para a recolha manual nos olhos do galev. A seleção dos fios de urdidura realiza-se tanto com como sem preços estabelecidos. A velocidade de alimentação do filamento para a seleção é de até 100 por minuto, a produtividade da máquina é regulada pela velocidade de seleção manual na galeva e depende das competências laborais do selecionador.

A máquina de recolha automática Barber-Kolman (EUA) foi concebida para a recolha automática de bases de uma ou duas cores, a partir de um ou dois armazéns, para as lamelas de gálea e cana. A máquina automática é constituída por uma estrutura com um carro móvel e dois carros móveis para a instalação de bases - de trabalho e de reserva. A sequência de funcionamento de todos os mecanismos é controlada por cartões perfurados. A máquina é acionada por um motor elétrico individual. A velocidade de recolha no curso de trabalho da máquina é de 140 fios por minuto, num silêncio - 20 fios por minuto. A produtividade da máquina é de 4000-5000 fios por hora, com uma recolha complexa - 3500 fios por hora. A máquina pode recolher fios em 26 lamelas e até 6 lamelas num único enchimento. O esquema tecnológico da máquina de colheita é apresentado na Fig. 38*б*. A partir do acionamento elétrico *1* (Fig. 38a), através das polias *2* e 3, as engrenagens *4, 5 e 6,* as engrenagens cônicas *7, 8* giram as cames *9,* que através dos rolos *10* transmitem movimento às alavancas *11.* Através do sector dentado *12* e da engrenagem *13*, o movimento de balanço é transmitido à alavanca de braço único *14.* Esta última está ligada a uma agulha flexível *15* colocada numa guia *16.* A operação de colheita começa quando a agulha *15* passa pelo dente da palheta, pelo olho da galeva lamelar selecionada e pela lamela.

O espaço entre os dentes da palheta, necessário para a passagem da agulha, é criado pela ação do cursor *17,* montado no rolo *18.* O disco da corrediça com um diâmetro de 50 mm e o seu plano perfilado aumentam o espaço entre os dentes. Após a passagem da linha, o cursor, colocado no carro, desloca-se perpendicularmente ao movimento da agulha. Durante o processo de recolha, o vendaval é retirado. Nesta máquina, os fios são recolhidos apenas através das galés de ripas (Fig. 38c). Nas extremidades superior e inferior da galeva existem orifícios abertos *1* para a colocação das barras de remissão. $_2$Num conjunto de galevos em tiras, coloca-se primeiro um galevo G_1, cujo orifício *3* está virado para baixo, e depois um galevo G com o olhal virado para cima. É necessário que o operador selecione consecutivamente o galevo. Os fios de teia passam pelo orifício *2.* $_{12}$As lamelas L e L (Fig. 38g) têm orifícios semelhantes *4* para os apanhadores de lamelas, sendo os orifícios redondos 5 para os fios de teia. Antes de a agulha entrar no olho do gallevo e da lamela, o apanhador de gallevos *19* (ver figura 38b) e o apanhador de lamelas *23* selecionam o gallevo *20* e a lamela

22 seguintes e introduzem-nos na zona do alimentador de gallevos *21,* ao longo das ranhuras em que se deslocam o gallevo e a lamela. Ao sair da ranhura do parafuso, o gallevo e a lamela são igualmente rodados de 90° e colocados perpendicularmente à agulha em movimento *15.*

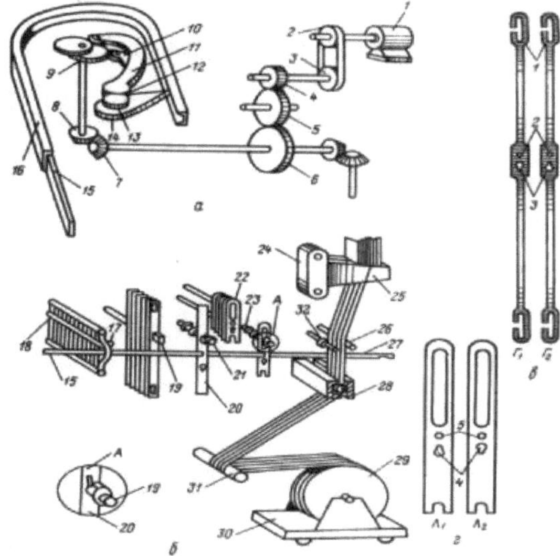

Fig.38. Esquema tecnológico da máquina de colheita.

A seleção do fio principal da trama total da teia de urdidura é efectuada por um ou dois recolhedores de fio em forma de sem-fim *26* e *32*, que podem ser acionados a partir de um ou dois navoi. Os navoi *29* são colocados num carrinho *30.* Os fios de teia provenientes dos navoi circulam em torno do rolo-guia *31 e são* fixados em pinças *28* e *25.* Este último está montado num suporte móvel *24,* que é utilizado para ajustar a tensão da teia no enchimento.

Ao apanhar o fio, a agulha *15*, com o seu gancho *27*, agarra o fio e volta para trás, puxando o fio através dos olhos das lamelas, do vendaval e do dente da cana. O funcionamento da máquina do dispositivo é controlado por cartões perfurados, que são feitos numa máquina especial de cartão secal. A empresa "Zelweger-Uster" (Suíça) produz a máquina de probornyy EMV. Foi concebida para a sondagem de fios de urdidura no gallevo, cana e lamelas de qualquer tipo a partir de um ou dois navoi a uma velocidade de 150-160 fios por minuto com o número de remizoka de 2 a 28. Para além das máquinas para instrumentos, a empresa "Zellweger-Uster" desenvolveu máquinas para a recolha de fios em remizoka galeva e conjunto de lamelas (sem recolha na cana) de um ou mais navoi. Uma máquina adicional é utilizada para a recolha de canas. Este sistema de duas fases é mais versátil, uma vez que não requer qualquer equipamento especial para as guias do tear. Pode ser utilizado para recolher fios de qualquer altura, tanto torcidos como lamelares. A largura máxima de recolha é de 400 cm. Por conseguinte, o recolhimento automático pode ser utilizado em teares largos.

4.2 Amarrar as bases

A atadura automática dos novos fios de urdidura aos fios da urdidura finalizada é efectuada por máquinas de atar. É feita uma distinção entre máquinas fixas, móveis e universais. Em função do método de seleção do fio, as máquinas de atar dividem-se em máquinas com agulha, com preço e com seleção combinada. Todas as máquinas de atar estão identificadas com números (125, 190, 200, 250), que indicam a largura máxima de enchimento em centímetros.

As máquinas UP1-5 com diferentes larguras de trabalho têm seleção de fio de agulha, as máquinas UP2-5 têm seleção de preço e as máquinas UP-6 têm seleção combinada. A velocidade de atamento atinge 500-600 nós por minuto e é definida em função da densidade linear do fio, do tipo de fibra e da densidade do fio na teia.

As máquinas com seleção de agulhas são utilizadas na indústria do algodão, com seleção de preços - em seda, lã e também na indústria do algodão para atar teias multicoloridas. As máquinas de atar fixas atam a urdidura na secção da urdidura. Quando a urdidura está a ser terminada, os teares retiram as lamelas, as resmas e a cana, juntamente com as extremidades da urdidura antiga, que são atadas com nós, e uma tira de tecido de 10 cm de largura é deixada do lado da cana (para que os fios não saiam das peças de trabalho retiradas). Tudo isto é transferido para o departamento de probornoy e colocado na máquina de atar, onde as extremidades dos fios da urdidura antiga são atadas às extremidades dos fios da urdidura nova, e os nós são arrastados através das lamelas, da galeva remizok e da cana. A máquina de atar fixa é constituída por cinco elementos de base: dois carros móveis para o transporte e a instalação da nova urdidura. Após a preparação da urdidura, o carrinho sobre carris é levado para a máquina de atar e, no segundo carrinho, prepara-se a urdidura seguinte, que, no final da atadura, é imediatamente instalada na máquina de atar, reduzindo assim o tempo de paragem da máquina; carregador de máquina preparatório, concebido para a preparação para atar a urdidura retirada da máquina, onde os fios são paralelizados e fixados; o carro móvel superior utilizado para fixar a urdidura velha preparada e deslocá-la para a máquina de raiz; a máquina de atar de raiz, sobre cujas guias se desloca o mecanismo de atar, onde se efectua a atadura dos fios; o mecanismo de atar, que pega e atar as extremidades dos fios da urdidura velha e da nova.

As máquinas de atar móveis atam as extremidades do fio da teia acabada às extremidades do fio da teia recentemente enfiada diretamente no tear. A Fig. 39

mostra o esquema tecnológico da máquina de atar móvel UP-2M.

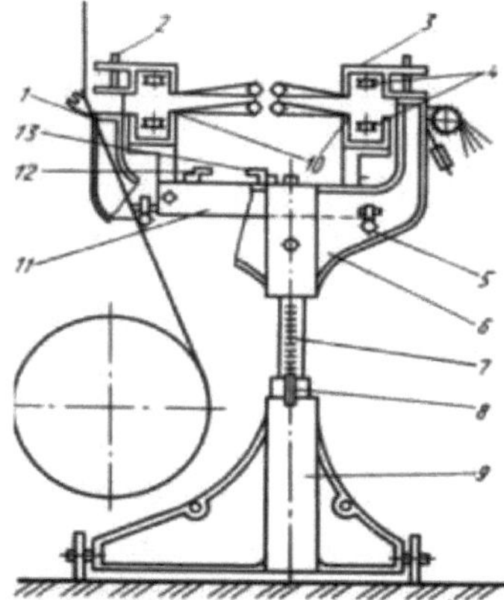

Fig.39 Esquema tecnológico da máquina de atar móvel

O suporte móvel com grampos é composto por dois pares de suportes, inferior *9* e superior *6,* ligados entre si por postes dentados 7, o que permite colocar os grampos à altura necessária com a ajuda da pega *8* ao enfiar em teares. As caixas amovíveis das pinças superiores *3* estão instaladas nos suportes superiores, ligadas aos suportes por meio de pinos 2 que passam pelo orifício das pernas das pinças. As pinças inferiores *10* são móveis em relação às pinças superiores, uma vez que estão fixadas a dois suportes *11 com* rodas que assentam em guias 5 fixadas nos elos superiores da cremalheira, podendo deslocar-se ao longo delas. As consolas *11* estão ligadas entre si por tirantes e constituem uma estrutura rígida à qual está ligada uma cremalheira dentada *12.* Uma calha fixa *13 está* ligada aos suportes da cremalheira 6. Os sem-fins do carro de atar engatam nas duas calhas.

O carro recebe um movimento progressivo ao longo da calha estacionária *13*, da direita para a esquerda, à medida que o processo de atar avança. Através da calha *12,* as pinças inferiores com a nova teia */* podem ser deslocadas ao longo das guias 5 em relação às pinças superiores para um lado ou para o outro, de modo a que o fio seguinte mais exterior da nova teia fique posicionado exatamente por baixo do fio mais exterior da teia antiga. As pinças superior e inferior estão dispostas da mesma forma e têm a forma de caixas ou calhas de secção retangular com juntas de borracha nas paredes laterais e blocos de madeira no fundo. Sobre estes blocos são colocados os revestimentos metálicos *4*. Cada bloco é composto por duas tiras, cujas superfícies de contacto têm a forma de dentes. Como resultado da deslocação, as duas tiras pressionam com as suas nervuras com força contra as paredes laterais das caixas de grampos e pressionam firmemente a base, que atravessa os grampos sob as placas *4*.

Em primeiro lugar, o novo suporte é introduzido nas pinças inferiores *10, depois de se* terem retirado as pinças superiores *3, e*, em seguida, o suporte antigo é introduzido nas pinças superiores, depois de as ter colocado nas pinças inferiores. A base é cuidadosamente endireitada, paralelizada manualmente com escovas e fixada nos grampos numa posição esticada. Nos grampos superiores, colocar o carro de atar, passar os cordões de preço de ambas as bases através dos tubos de preço do carro, atar com vermes com as ripas *12* e *13*. Utilizando o acionamento manual, verificar o seu funcionamento atando vários nós, e depois ligar o motor elétrico.

À medida que os fios são atados, o carro deve avançar e as pinças fixas inferiores devem mover-se de modo a que o próximo fio mais exterior da teia inferior fique posicionado exatamente por baixo do próximo fio da teia superior. Para o efeito, as extremidades dos calibradores de folga *1* e *6* (Fig. 40a) são colocadas acima e abaixo dos fios finais *7 e 8 da urdidura* inferior e superior. Ambos fazem um movimento de balanço a partir da came *9*. As molas asseguram uma pressão constante dos rolos contra a came *9*. A oscilação dos apalpadores é simétrica em relação às duas bases, ou seja, convergem e divergem alternadamente e, através das alavancas *2 e 3* articuladas com eles, provocam a ativação e a desativação dos cães de transporte *4* e 5, que actuam sobre os dentes das catracas *10* e *16* (Fig. 40b). Os cães fazem movimento alternativo na direção horizontal a partir de dois cames *18* e *19* através das alavancas *17* a *20*. Os cães *13* são cães de retenção.

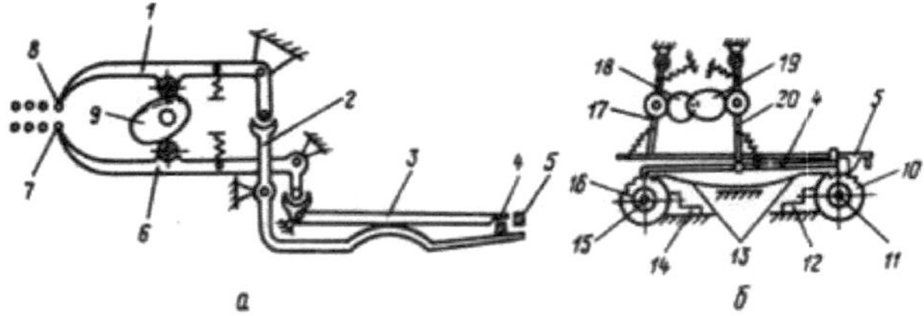

Fig.40. Diagrama esquemático do carro de atar.

A catraca *10* é fabricada como uma unidade com um sem-fim *11* que engata na calha *12 dos* grampos superiores fixos, e a catraca *16 é* fabricada com um sem-fim *15* que engata na calha *14 dos* grampos inferiores móveis. Assim, a haste superior está ligada às pinças superiores fixas e a haste inferior às pinças móveis. O movimento do carro só ocorre quando não há

outro fio *8* (ver Fig. 40a*)* sob a haste superior ou quando não há outro fio *7* sob a haste inferior. Há quatro casos possíveis:

1) se as roscas seguintes de ambas as bases estiverem presentes e corretamente posicionadas, as extremidades dos estiletes, no seu movimento recíproco,

chocarão com as roscas tensionadas e não efectuarão um movimento recíproco completo, pelo que ambos os arrastadores *4* e 5 serão desligados e o carro e as pinças inferiores não se moverão;

2) na ausência do fio seguinte da urdidura superior, a caneta faz uma volta completa e desce, de modo que o cão 5 faz girar a catraca *10* e o carro avança; como existe um fio *7* da urdidura por baixo da caneta inferior *6*, o sem-fim *15* não gira, mas pára nos dentes da calha *14* e as pinças móveis inferiores deslocam-se juntamente com o carro;

3) Na ausência do próximo fio de urdidura inferior, a caneta inferior percorre toda a volta e permite que o cão *4* da catraca *16* engate, de modo a que as pinças de urdidura inferiores se desloquem em direção ao carro, enquanto este último permanece imóvel na presença do próximo fio de urdidura superior;

4) na ausência de roscas nas duas bases, os dois arrastadores *4* e 5 são ligados e o carro avança para as roscas das bases superior e inferior; neste caso, a ação do sem-fim *15* sobre a calha móvel *14* é neutralizada pelo avanço do carro.

A seleção dos fios seguintes para a atadura é efectuada pela ação conjunta de dois mecanismos do carro: os separadores de preços e as escovas de recolha. O mecanismo separador de preços seleciona os fios seguintes, um a um, da urdidura antiga e da nova, afastando os preços dos fios individuais do carro (Fig. 41). Os dois fios assim separados são apanhados por duas escovas de recolha e afastados. A trajetória das escovas de colheita é mostrada na Fig. 41a.

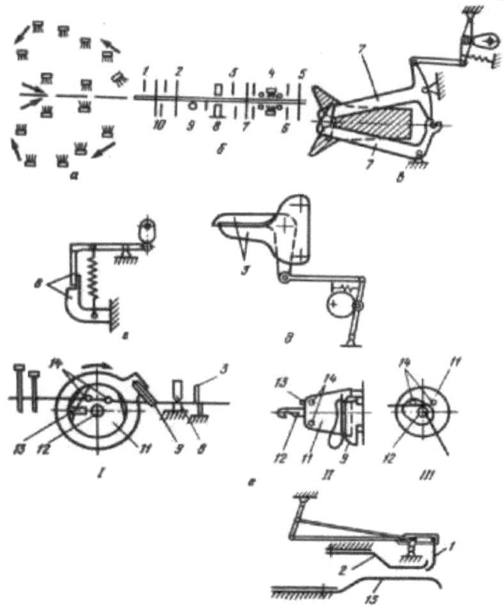

Figura 41: Mecanismo dos separadores de preços.

Os fios selecionados são colocados na área de trabalho na seguinte sequência (Fig. 41 b): à esquerda das escovas *4* encontram-se as alavancas de dobragem frontais *7,* a tesoura *3,* as pinças *8, o* bico de atar *9,* a alavanca de queda *2,* as alavancas de dobragem traseiras *10* e o gancho *1* para apanhar os fios atados; à direita das escovas encontram-se as alavancas de apalpação 6 e o gancho de desperdício 5. As alavancas de dobragem frontais *7* (Fig. 41 c) engatam e aproximam os fios, que são fixados por pinças *8* (Fig. 41 d) e cortados pela tesoura *3* (Fig. 41 e). O gancho rotativo 5 leva então as extremidades cortadas dos fios para o desperdício. As pinças 8 são abertas e os fios, capturados pelo bico 9 (Fig. 41e), que gira no sentido dos ponteiros do relógio, são enrolados na cabeça do tubo *11.* Ao mesmo tempo, o bico, em movimento para trás, passa com as roscas capturadas por trás das suas extremidades esquerdas. Em seguida, com uma nova rotação e um movimento para a frente, coloca os fios por cima das suas extremidades esquerdas e entre os cornos *14 do* tubo, formando um laço. Nesta altura, a agulha de aperto *12* sai do tubo e, com o seu gancho, agarra os fios baixados pelo bico, puxa-os para dentro do tubo e mantém-nos aí. Em seguida, o alisador *13* avança, deixa cair o laço da cabeça do tubo, pela ação conjunta da alavanca do alisador *2* (Fig. 41j) e do gancho de descolagem *1* aperta o nó e deixa a zona da sua formação. São recomendadas agulhas diferentes para fios com densidades de linha diferentes.

As máquinas de atar universais podem ser utilizadas como máquinas de atar móveis ou fixas, consoante a aplicação específica. São máquinas de atar móveis convencionais equipadas com dois suportes de fixação que prendem as teias na secção do instrumento. A presença de dois suportes permite uma utilização mais racional da cabeça de atar, ou seja, num suporte são atados os fios e no outro é preparada a urdidura seguinte para atar, aumentando assim a produtividade da cabeça de atar. A máquina universal de atar UP-6 foi concebida para a atadura automática de fios de algodão, lã, linho, seda e fios químicos. A máquina está equipada com um mecanismo de seleção de fios por agulha-preço, que permite utilizar diferentes métodos de seleção ao atar as bases: agulha, preço e combinado (uma das bases com uma "cruz de preço", a outra sem ela). A qualidade dos nós da máquina UP-6 garante a sua passagem pelas guias do tear sem se soltarem. O comprimento das extremidades de um nó duplo é 0,5 mm mais longo do que nas máquinas UP-2M e UP-5. O número de defeitos durante a atadura é reduzido em 1,3-2,1 vezes.

As máquinas de atar modernas utilizadas na indústria nacional atam 300-400 nós por minuto. A produtividade real das máquinas depende do tempo de inatividade associado à preparação de urdiduras novas e velhas para atar. Dependendo do tipo de urdidura, da densidade linear dos fios e do número de fios na urdidura, a produtividade efectiva das máquinas fixas e universais varia entre 8000 e 12000 nós por hora.

As máquinas de atar móveis funcionam com uma capacidade inferior, uma vez que a sua utilização aumenta o tempo necessário para preparar a teia para a atadura. A capacidade efectiva destas máquinas é de 3000-8500 nós por hora.

As máquinas de atar modernas estão equipadas com uma vasta gama de dispositivos de monitorização. Por exemplo, nas máquinas da Titan (Dinamarca), a atadura dos fios é controlada automaticamente: se for detectado um par, a máquina pára.

O desempenho da máquina de atar é o seguinte

1. $\Pi_{\phi y} = \frac{n_{\text{гл}} \cdot 60}{2} \cdot \text{КПВ}$ Capacidade de unidades por hora

2. $\Pi_{\phi 0} = \frac{n_{\text{гл}} \cdot 60}{2 \cdot n_0} \cdot \text{КПВ}$ Capacidade de bases por hora

3. $\Pi_{\Phi} = \frac{n_{\text{гл}} \cdot 60}{2 \cdot n_0} \cdot G \cdot \text{КПВ}$ Capacidade em kg por hora

$_{\text{гл}}$em que: n é o número de rotações do veio principal min; n_0 é o número de fios de urdidura na urdidura;

G - peso da massa de tecelagem; KPV - coeficiente de tempo útil.

O monóxido de carbono é determinado pela seguinte fórmula

$$У = \frac{\ell}{L_{\text{Н}}} \cdot 100\%$$

$_{\text{Н}}$em que: *í é o* comprimento das extremidades que entram nos fios; L é o comprimento dos fios de urdidura na urdidura.

Vícios: falta de dentes de cana; padrão partido; pares; falta de fios, dois fios presos, etc.

LITERATURA

1. Prabir Kumar Banerjee. Princípios da formação de tecidos. © 2015 by Taylor & Francis Group, LLCCRC Press é uma marca do Taylor & Francis Group, uma empresa Informa.

2.Nikolaev S. D et al. Teoria dos processos, tecnologia e equipamento da produção de tecelagem. M., Legpromizdat, 1995. 256c.

3. Ormjord A. Equipamento moderno de preparação e tecelagem. M, Legpromizdat, 1987. 211c.

4 . G. H. Oelsner's. A Handbook of Weaves é o mais conhecido e o mais livro de padrões de tecelagem acessível. 18 de novembro de 2004.

5 Talavashek O, Svatyi V. Teares sem fio. M., L.I., 1985, 334 pp.

6 . K. L. Gandhi. Têxteis tecidos Princípios, desenvolvimentos e aplicações © Woodhead Publishing Limited, 2012.

7 Fronczak I., Wnuk J. Tecelagem, ch. P, Varsóvia, 1978, 326 pp.

8 Rakhimkhodjaev S.S., Kadyrova D.N. Bases teóricas do processo de formação de tecidos. Livro de texto. Tashkent. TITLP. 2018.

9 Simon L., Hübner M. Tecnologia de preparação do fio para a produção de tecelagem e malhas. M., Legpromizdat, 1989 270 pp.

10 . HANDBOOK OF YARN PRODUCTION Technology, science and economics P R Lord, NCSU, USA 504 páginas 244 x 172mm hardback julho de 2003.

yes

I want morebooks!

Buy your books fast and straightforward online - at one of world's fastest growing online book stores! Environmentally sound due to Print-on-Demand technologies.

Buy your books online at
www.morebooks.shop

Compre os seus livros mais rápido e diretamente na internet, em uma das livrarias on-line com o maior crescimento no mundo! Produção que protege o meio ambiente através das tecnologias de impressão sob demanda.

Compre os seus livros on-line em
www.morebooks.shop

info@omniscriptum.com
www.omniscriptum.com

Printed by Books on Demand GmbH, Norderstedt / Germany